U0281199

数字王国里的虚拟人

技术、商业与法律解读

蒲肖依
郑义锜
何 军
—— 著

电子工业出版社
Publishing House of Electronics Industry
北京·BEIJING

内 容 简 介

本书是一本兼具深度和广度的跨专业领域的科普读物，全书以案例形式，用轻松有趣的笔触向读者传递了科技的魅力。

全书内容分三部分：虚拟人在现代社会的市场前景、虚拟人的关键技术解读，以及虚拟人产业的相关法律法规。对于市场前景部分，本书详细描述了虚拟人的多元化种类、投资领域的火爆趋势，以及元宇宙与虚拟人产业链的构建；对于关键技术解读部分，本书则聚焦于虚拟人的关键技术解析、系统整合策略，以及展演与 IP 运营的新模式；对于相关法律法规部分，本书则详细解读了虚拟人产业的相关政策和法律监管，强调了知识产权保护的重要性，并探讨了虚拟人合规的热点问题。

本书适合虚拟人、元宇宙和虚拟现实等行业的专业人士阅读，也适合对虚拟人技术和产业感兴趣的广大科技爱好者阅读。

未经许可，不得以任何方式复制或抄袭本书之部分或全部内容。

版权所有，侵权必究。

图书在版编目（CIP）数据

数字王国里的虚拟人：技术、商业与法律解读 / 蒲肖依，郑义镝，何军著. -- 北京：电子工业出版社，2024. 8. -- ISBN 978-7-121-48389-9

Ⅰ. TP391.9-49

中国国家版本馆 CIP 数据核字第 2024JQ5933 号

责任编辑：南海宝
印　　刷：天津嘉恒印务有限公司
装　　订：天津嘉恒印务有限公司
出版发行：电子工业出版社
　　　　　北京市海淀区万寿路 173 信箱　　　　邮编：100036
开　　本：880×1230　1/32　　印张：6.25　　字数：200 千字
版　　次：2024 年 8 月第 1 版
印　　次：2024 年 8 月第 1 次印刷
定　　价：69.00 元

凡所购买电子工业出版社图书有缺损问题，请向购买书店调换。若书店售缺，请与本社发行部联系，联系及邮购电话：（010）88254888，88258888。

质量投诉请发邮件至 zlts@phei.com.cn，盗版侵权举报请发邮件至 dbqq@phei.com.cn。

本书咨询联系方式：faq@phei.com.cn。

前　言

数字正在重构我们的世界。在这个世界中，虚拟人是真实人类的镜像，是元宇宙的领衔者，为我们展现了一个全新的视角。虚拟人不仅具备高度逼真的外观和动作，更逐渐拥有与真实人类相似的情感和智慧。

具有思想意识，是人类区别于其他动物的显著标志之一，而虚拟人即存在于人类的意识中。正负、虚实、阴阳、左右这些对立统一意识的产生，是人类认识自然、形成世界观和方法论的基本出发点，也是人类智力发育进化的重要表征。

真实人的世界是虚拟人世界的出发点，虚拟世界是现实世界的映射，是人类智力高度发育的产物。通过存量知识的积累和交汇贯通，创造性地发现事物之间的隐性联系，应用高新技术将人与自身、人与社会、人与自然的关系超现实地呈现出来，构建一个超然的信息、知识、思想、情感交流的新时空。

在本书中，笔者选择将"虚拟人"作为一个宽泛的概念加以介绍，涵盖了虚拟数字人的定义。虚拟人、数字人、虚拟数字人三者的定义有许多版本，目前行业内对此并没有明确的辨析和权威的解释。在不同的语境和应用场景下，这三个概念可能会有所交叉和重叠。

虚拟人通常指的是通过计算机程序生成的具有人类外貌、语音、行为等特征的虚拟角色，侧重虚拟身份。数字人不强调虚拟人的外貌和行为特征，更强调它们被赋予的自主决策、自主行动、学习和交互的能力，侧重数字化特性。虚拟数字人可以说是虚拟人和数字人的结合体。它们既强调虚拟身份和人类特征，也具有数字化特性。

近年来，虚拟人领域迎来了投资热潮，各大企业纷纷涌入，推动了虚拟人产业链的快速发展。同时，各公司加强技术研发，提升虚拟人的真实感和智能化水平，为行业注入更多活力。

虚拟人产业链涵盖了从虚拟人设计、制作到应用的各个环节，形成了一个完整的生态系统。其中，3D虚拟人关键技术是产业链的核心。通过先进的建模技术、渲染技术和人工智能技术，业界能够创建出具有高度真实感的虚拟人形象。同时，精准的动作捕捉系统也为虚拟人的动作捕捉和表现提供了有力支持，使得虚拟人的动作更加精准、自然、流畅。

虚拟人直播是近年来兴起的一种新型娱乐形式。借助虚拟人技术，主播可以通过虚拟形象出现在直播间，与观众互动。这种形式的直播不仅为观众带来了全新的视觉体验，也为主播提供了更多的创作空间。同时，虚拟人IP运营也成为行业的新热点。商家通过打造具有独特魅力的虚拟人形象来吸引粉丝关注，进而实现商业价值。

　　当然，在虚拟人商业化运营的过程中，行业合规问题也不容忽视。为了确保虚拟人行业的健康发展，业界需要制定一系列相对完善的法规来规范行业行为，保障各方权益。

　　很显然，我们正在热情地拥抱一个新的"数字王国"的到来：人们忙着了解这个新天地的每一个细节，寻找最有吸引力的入口，以便顺利地获得通行的身份认证，领到穿越元宇宙"虫洞"的"护照"。习惯了真实世界的权利法则、丛林法则、资本法则、所有权法则的人们，不得不接受一些新法则的规制，如去中心化、无边界化，等等。

　　很显然，虚拟世界给人类的进步提供了一个从未体验过的新机遇：进入虚拟世界是人类进化不可逆转的长期趋势，是数字经济和社会发展必须面对的挑战。人类思维的边界一旦被高阶地打开，在许多领域就创生了无限的利益空间，人性从来没有像现在这样面临着深刻的灵魂拷问。

　　很显然，虚拟世界挑战了传统法理学所预设的人性基础，使得现实的法理成文难以应对虚拟世界的理论困境和实践短板，虚拟的生物信息意义上代表蛋白质的符号、代码、数字及其组合形式，如何兼顾虚、实世界的共性，是一个迫切的实践问题。

　　很显然，我们可能面临着一些严峻的挑战：如何才能确保虚拟世界的安全和公正，如何防止虚拟世界成为逃避现实的"桃花源"，如何不在虚拟科幻帝国中失去自我，如何通过虚拟世界建立一个更具未来共性的世界观，如何不通过伤害非特定人的利益而赢得私利，如何使技术的发展更符合人类进步的需求，如何……

虚拟世界和虚拟人引起我们重新思考人类的起源，思考人类自己存在的意义和价值。尽管目前可能无法得出明确的答案，但有一点是肯定的：生命本身就是一个不断探索、学习、进步、超越的过程。

本书将从虚拟人和虚拟科技的发生、发展，虚拟人的技术革命及与虚拟人相关的法律实践和展望等方面，探索虚拟生存和虚拟发展等问题。对于笔者和读者来说，这既是一个不断学习的过程，也是一个探索人的自由、全面、和谐发展的过程。

作　者

读者服务

微信扫码回复：48389

加入本书读者交流群，与作者互动

获取【百场业界大咖直播合集】（持续更新），仅需 1 元

目 录

contents

第一部分

在诗意与现实之间

1912年4月14日23时40分，彼时世界上技术最先进，体积最庞大，内部装潢最豪华，享有"永不沉没"之誉的泰坦尼克号游轮（RMS Titanic），在大西洋首航，也是最后一次航行时，与一座漂浮的冰山相撞，之后在2小时40分钟之内，船体断成两截，沉入大西洋3700米深处。这艘堪称伟大工业成果的远洋邮轮在北大西洋纽芬兰附近海域、大浅滩以南95千米处，结束了自己短暂而又惊艳的一生。1500多名未能登上救生艇的乘客和船员，不幸成为其陪葬品。

惊心动魄，悲欢离合的场景，不亚于本世纪美国的"9·11"事件。直到1997年被英国杂志 *Empire* 评为"世界最伟大的20位导演"之一的詹姆斯·卡梅隆（James Cameron）在他的电影《泰坦尼克号》中忠实地再现了事件的全过程，这个故事才广为人知。巨轮的沉没，向人类展示了大自然神秘的力量，以及命运的偶然、莫测。

有些人永远抹不去这样一幅画面：这艘当时继埃菲尔铁塔之后最大的人工钢铁构造物、工业时代引为自豪的产物，在海底昂着头，残破和锈蚀似乎也难掩它的骄傲。令人难以置信的是，1898年，英国作家摩根·罗伯逊（Morgan Robertson，1861—1915）就曾出版过一本名叫《徒劳无功》的小说，小说中描写了一艘号称"永不沉没"的豪华巨轮——泰坦号（Titan）从英国驶向大洋彼岸的美国。这是人类航海史上空前豪华的轮船，满载非富即贵的乘客。与泰坦尼克号事件相比，小说的内容除了船的名字几乎相同外，还有许多其他相似之处。两船都是处女航就沉没，都是撞上冰山，肇事点都在大西洋，出事时间都在4月份，航线都是从英国到美国，船身长度都是 200 多米，船员和乘客数都超过千人。事物的联系有时巧合得令人惊叹。

詹姆斯·卡梅隆为还原泰坦尼克号的事故经历，花费了两亿美元制作电影《泰坦尼克号》。启航的镜头是在一个停车场上搭建的绿幕前拍摄的，沉船的画面是使用模型加上电脑特效模拟的，这是最早的虚拟镜头之一。詹姆斯·卡梅隆利用当时先进的 CG（Computer Graphics，计算机图形图像）技术，并大规模使用动作捕捉技术。

1997 年，电影一经上映便打破了电影史的票房纪录，并于 1998 年在第 70 届奥斯卡金像奖中获得了其中 11 个奖项。詹姆斯·卡梅隆获得了奥斯卡最佳导演奖，使自己在职业生涯中到达了巅峰。在泰坦尼克号 3D 版本转制的工程中，他也投入了 60 周的时间，与 300 位计算机工程师共同打磨。可以毫不夸张地说，卡梅隆为虚拟电影市场的场景应用迈出了关键性的一步，这位技术"狂人"意欲为电影工业的虚拟应用树立技术标杆，这从他 1992 年成立自己的特技制作公司"数字领域"（Digital Domain）的名字中可窥一斑。

第 1 章 虚拟文明的旅程

1.1 元宇宙里的原住民

虚拟人是虚拟世界里的重要成员，是元宇宙中的"原住民"。

近年来，虚拟人的概念和相关应用越来越普及，跨越了真实和虚拟的界限——人们在虚拟世界中获得了真实的情感体验，而在真实中寻求不同形态的虚拟生活方式，"虚拟人"的时代如期而至。

2021 年，称得上"元宇宙元年"，全球化新冠疫情的爆发性破坏，客观上催生了社交方式的新需求。随着元宇宙概念不断地深入，也连带地让虚拟人的发展更加快马加鞭，不仅外观逐渐数字化，动作更具交互性，思想内核也日益智能化。各种类别的虚拟人成功捕获了大众的视线，并在影视、游戏、传媒、文旅、金融产品销售等众多领域获得前所未有的进步。

虚拟人具有人性吗？答案是肯定的，它应该从人的三个基本属性——物性、情性和灵性的耦合运动中获得思想、观念和灵感的启发，并在现实的应用中得到全面的实现。为了便于识别，我们将虚拟人分为三大类——身份型虚拟人、内容型（IP 型）虚拟人和服务型虚拟人，可以分别从虚拟人生成的依据、功能、受众及体验场景来呈现虚拟人的社会存在。

身份型虚拟人一般具有原始的物理原型、社会上的地位、法律上的资格，其出身是可追溯的。此类虚拟人包括三种细分类型，下面分别介绍。

第一种身份型虚拟人是以数字分身为基础的。例如，以电影《头号玩家》（*Ready Player One*）中的 AVATAR 为原型，为目标人群打造数字分身，并应用到虚拟社交平台和媒介中。《头号玩家》是数字王国（本书指数字王国公司）参与特效创作的一部经典影片，根据恩斯特·克莱恩（Ernest Cline）同名小说改编。身份型虚拟人能够成为每个人具有真实形象的代言人，这很大程度上能打破次元的壁垒，改变人们展示自我、交往、旅游、办公等的方式。

第二种身份型虚拟人是公众人物的数字分身。2015 年 5 月 9 日，数字王国传承了詹姆斯·卡梅隆在电影技术领域的先行优势，利用数字建模、动作捕捉、人脸识别、机器学习和 3D 全息成像技术，将已故歌手邓丽君的虚拟形象搬上了中国台北小巨蛋体育馆。一场"如果能许一个愿·邓丽君 20 周年虚拟人纪念"演唱会，推动了虚拟人市场化。真实世界和虚拟世界的边界在跨时空的交互中消失了。现场的粉丝们真切地感到"永生"不再是一种神话。虚拟邓丽君的歌姬形象和身份得到了邓丽君文教基金会和其兄长邓长富的授权。值得称奇的是，邓丽君的虚拟形象不仅演唱了她去世前的经典歌曲，还演唱了她去世后新生代歌手的歌曲，这就使得身份型虚拟人形象更加丰富、更具活力空间和商业潜力。利用明星的粉丝群体聚集新的流量，实现科技、文化、生活的共同进步，邓丽君的虚拟形象开了一个好头。

第三种身份型虚拟人是虚拟代言人。塑造企业和品牌的身份型虚拟人，充分展示了企业形象和内涵，在风格和外观上做到高度契合。让市场和消费者全面地认识企业、认知品牌，从而产生信任、信用和黏性。雀巢咖啡推出宣传片 *Re/Imagine*，女主角 Zoe 是雀巢官方原创的一位虚拟偶像代言人。国货美妆品牌花西子同名虚拟代言人"花西子"也如出一辙，她们均以优雅大方、亲切热情的形象示人，很好地传达了企业文化、商品目标的消费诉求，产生了颇有价值的市场号召力。除了拍摄品牌广告片之外，官方还为虚拟代言人开设了专门的社交媒体账号。以此建立起企业与市场、社会和消费者之间无障碍的交流通道。

内容型（IP 型）虚拟人以虚拟人的"社会性"需求为出发点，以 IP 打造为表现形式，是三类虚拟人中粉丝基础最广泛、最走红的一类虚拟人。其中最具代表性的虚拟歌姬采用开源共创的模式，可以根据粉丝们的喜好呈现出千变万化的模样。另外，虚拟网红引领新的生活方式，虚拟主播在直播平台上与观众亲密互动，形式多种多样，边界可大可小。

市场上最为用户关注，曝光率最高的虚拟人类型就是内容型（IP 型）虚拟人。虽然打造内容型（IP 型）虚拟人的进程十分漫长，培育过程千难万艰，但从已经成功运营的国内外内容型（IP 型）虚拟人的方式中可以获取经验：以"高技术、泛平台、强 IP"三大要素为基础打造具有可塑性的内容型（IP 型）虚拟人，不断优化其形态，丰富其内涵，巩固其渗透力，再通过粉丝经济实现商业变现是最好的方式。

根据笔者观察，市面上很多内容型（IP 型）虚拟人将形象做到极致，但涉及技术开发的还很少，表情不自然，互动性弱，经常采用"换头""换脸"的方式来实现虚拟人的美丽形态。然而有技术开发能力的团队，将精力投入研发虚拟人底层 AI 技术层面，在美术方面不一定占优势。只有很好地将这两方面结合起来，才能打造既有颜值又有内涵的虚拟形象。

如果说内容型（IP 型）虚拟人始于社会性的颜值与偏好，那么服务型虚拟人便终于内涵，具备服务所需的知识性。服务型虚拟人大多基于大数据、人工智能、机器学习、语音语义理解等不断迭代的技术，追踪和引领现实人日益增长的知识性趋向，使得虚拟人能成为我们生活和工作中方方面面的帮手，为人类的高效活动赋能，真正地实现数字经济、数字文化、数字科技的综合价值。

对于有"知识"有"头脑"的服务型虚拟人，其应用场景也在不断地拓展。它经常以虚拟员工、虚拟客服，甚至虚拟企业家的身份被应用到软硬件服务场景中。2021 年 11 月，国内第一个可以在 APP 内实现用户互动的超写实虚拟人——"龚俊数字人"正式上线。用户在百度 APP"语音设置"界面中选择"龚俊数字人"为语音搜索助理，即可在语音搜索时与其进行面对面的实时对话，从而突破了传统的空间局限、知识和信息的传播方式及效率。另外，一个有说服力的案例是，房地产的头部企业万科集团也适时打造了自己的虚拟员工崔筱盼，并将其有效地嵌入真实的服务程序中，标准化地完成流程管理、催款等基础工作。鉴于其 24 小时不间断地努力工作和取得的比真实员工更有效的工作成果，2021年万科集团将最佳新人奖颁给了崔筱盼。

服务型虚拟人与科技硬件和软件平台的结合，包括与VR游戏结合、嵌入智能家居控件及车载系统，甚至淘宝和亚马逊这类B2C在线购物平台等，都存在巨大的市场潜力，其底层架构需要充足的资本投入和技术研发团队深入的合作。在其他商业应用场景中，比如新金融、医疗陪护、学习进修、企业产能优化等，虚拟人也呈现出越来越大的需求趋势。

近两年来，虚拟人产业政策持续释放积极信号，市场持续扩大容量。根据《虚拟数字人深度产业报告》①，预计到2030年我国虚拟人总体市场规模将达到2700亿元。其中，身份型虚拟人和内容型（IP型）虚拟人将在未来发展中占据主导地位，总规模将达到约1750亿元，服务类虚拟人则相对稳定发展，总规模也将超过950亿元。当然也不排除由于科学技术的爆发性突破，引发应用场景的革命性拓展，形成市场规模的倍增。2023年，以华为为代表的智能电车的替代性冲击，为虚拟技术的应用打开了全球市场的窗口。

在市场关注度方面，据艾媒咨询数据显示，2022年，中国网民对虚拟人的了解和关注程度提高，关注度从2021年的63.6%上升至2022年的87.8%②。大多数人都能接受虚拟人走进现实生活

---

① 相关资料或详细数据可参阅网易2021年12月27日发表的《虚拟数字人深度产业报告》。

② 相关资料或详细数据可参阅艾媒咨询2023年11月9日发表的《2023年中国AI数字人产业研究报告》。

中，乐见其成，乐在其中。

政策方面，自 2017 年起，我国将虚拟现实、AI 等核心技术的研发纳入鼓励类产业范围，同时提出加快推进虚拟现实产业发展。伴随着技术升级的迭代与制作成本的下降，虚拟人客户端应用或将大规模普及和扩展。从 2022 年 1 月起，各地相继出台元宇宙相关领域的支持性政策，为虚拟人蓄力发展打下了良好基础。

投资方面，虚拟人相关技术公司受资本热捧，虚拟人赛道热度提升显著。从 2021 年下半年开始到 2024 年中期，虚拟人相关公司融资进程加快，行业热度持续上升，除了已在虚拟人行业中占据先发优势的数字王国、次世文化、燃麦科技、慧夜科技等公司，百度、网易等互联网大企业也纷纷加入了虚拟人制作与投资的行列，为行业引入了新的资本和技术活力。一些新公司也崭露头角，资本对于虚拟人的 IP 打造、技术水准及商业变现能力有了更准确、更务实的认知，行业竞争趋近白热化是显而易见的。

随着市场上虚拟人应用数量越来越多，市场对虚拟人的身份建构、调性设计、内容策划和粉丝运营方式也有了更多需求。未来一段时间，虚拟人还持续有热度吗？品牌和虚拟人的结合将会有哪些新的方式？在交互玩法上能否有新的创意？我们在书中会进行深入的解读。而随着技术进步，虚拟人如何提升人类生活工作的效率？虚拟人赛道将如何赋能元宇宙的发展，也值得消费者期待。

1.2 真实人类的镜像

虚拟人是指存在于虚拟世界中，通过计算机图形学、语音合成技术、深度学习、类脑科学、生物科技、计算科学、人体运动科学等跨传统边界的复杂认知体，建构具有"人"的外观、行为，甚至思想的可交互的虚拟形象。虚拟人的核心在于"拟人性"，即外观、行为和交互方面都具备"人"的物质性、社会性和知识性。同时以数字化为属性，需要存在于数字设备上，区别于具备物理实体的机器人或者仿生人。参照人工智能产业发展联盟发布的《2020 年虚拟数字人发展白皮书》，虚拟人具备三大特征：

（1）拥有人的外观及性格特征；

（2）拥有通过语言、表情或肢体动作表达的能力；

（3）拥有识别外界环境、与人交流互动的能力。

本书更强调虚拟人的建构表达于"物性、情性、灵性"的和谐和统一。

根据某行业内专家的研究，从技术的角度看，虚拟人具有三个阶段：第一阶段是 1.0 阶段，从业者需要把虚拟人做得形似，以真人拍摄、换脸、二次元和卡通动漫为主，这是虚拟人的物质性基础；第二阶段是 2.0 阶段，从业者可以将虚拟人制作拓展至 AI 生成的超写实虚拟人和 AI 实时驱动的 3D 超写实虚拟人，进入虚拟人的社会性交互；第三阶段是 3.0 阶段，从业者可利用 AI 赋能、性格培养、趋势交互、低代码或无代码创作来建构虚拟人的知识性内核。一个完整的虚拟人是具有人的物质性、社会性和知识性三重维度的。

1.3 是发现还是发明

虚拟意识早已有之，但虚拟人的工业化制作历史并不长，根据《2020 年虚拟数字人发展白皮书》和笔者的研究，虚拟人的发展自 20 世纪 80 年代起，可分为萌芽、探索、成长和爆发四个阶段[①]。

萌芽阶段

20 世纪 80 年代，人们开始尝试将虚拟人物引入现实世界中，但受技术限制，制作技术主要以手绘为主。例如 1982 年，日本电视动画《超时空要塞》（Macross）描述了想象中的地球联合军与外星人作战，交杂着爱情与友情及宇宙命运的故事。女主角林明美（配音：饭岛真理）在电视片大受欢迎后，被制作方包装成演唱动画插曲的歌手，并制作了音乐专辑，该专辑成功打入当时日本知名的音乐排行榜 Oricon，林明美也成为世界上第一位虚拟歌姬。

在这一阶段，人类医学也开始探索一系列人体研究计划，包括人类基因组计划和人类大脑计划[②]等，虚拟人一词就此在医学界出现。最初，医学虚拟人是指通过数字技术模拟真实的人体器官

---

① 相关资料或详细数据可参阅人工智能产业发展联盟 2020 年 12 月 29 日发表的《2020 年虚拟数字人发展白皮书》。

② 相关资料或详细数据可参阅 2022 年 5 月 23 日发表的文章《风口上的虚拟人：历史，商业潜力和困境》。

而合成的三维模型。这种逼真的模型既能再现人体器官的外貌，也能比较真实地显示出人体的正常生理状态和出现的各种变化，为医学研究和医疗手术提供精准的演示条件。有了虚拟人，就可以用其模型培训外科医生，在动手术之前，也可以在虚拟人身上进行演练，获得各种经验数据，为实际工作提供科学参考。

探索阶段

21世纪初，传统手绘造型逐渐被CG、动作捕捉等技术取代，虚拟人出现在《阿凡达》《美女与野兽》《本杰明·巴顿奇事》等大量影视作品中。

2003年2月18日17时18分，我国首例女性虚拟人数据在广州市解放军第一军医大学构建成功，中国因此成为继美国、韩国之后的世界上第三个拥有本国虚拟人数据库的国家。

2007年，日本制作公司Cypton Future Media利用CG技术合成制作了二次元少女偶像"初音未来"（Hatsune Miku）歌姬系列软件，并陆续发布不同进阶版本。初音未来甚至还担任日本音乐团体Sound Horizon的演唱会合唱，一直到今天，初音未来的粉丝群体仍在不断壮大中。

2013年，数字王国第一次尝试将虚拟人邓丽君搬上舞台，首次在中国台北小巨蛋体育馆与歌星周杰伦对唱，引起热爱邓丽君的粉丝的共鸣和反响。

成长阶段

进入2016年，得益于深度学习算法和AI技术突破，虚拟人制作过程大幅简化，成本大幅降低，智能驱动的虚拟人开始崭露头角。例如，新华社与搜狗公司于 2018 年联合发布了全球首个 AI 虚拟女主播"新小萌"，她的面部和声音以新华社的真人女主播曲萌为原型。用户输入新闻文本后，屏幕将展现虚拟主播的形象并进行新闻播报，虚拟主播的嘴形动作能与播报声音实时同步。科大讯飞也制作了以"小晴"为主的一批 AI 主播，可以实时多语种播报新闻。5G、人工智能等智媒技术正在成为新闻采编、制作、传播过程中替代专业人员的有效工具。

爆发阶段

近几年来，伴随着科学技术的全面提升与突破，虚拟人朝着智能化、便捷化、精细化、多样化发展，出现了各式各样的身份型虚拟人、内容型（IP 型）虚拟人和服务型虚拟人。如 2019 年，时任数字王国技术总监的道格·罗伯（Doug Roble）在 TED 大会上演示了自己实时驱动的数字分身 Digi Doug。2022 年，在江苏卫视跨年晚会舞台上，数字王国制作的"虚拟邓丽君"与当红歌手周深合唱《大鱼》《小城故事》和《漫步人生路》三首歌曲。

2023 年 10 月，由北京元时文化有限公司发布的 Metaverse 元宇宙虚拟人排行榜 Top 10 中，洛天依、柳夜熙、天妤占据榜单前三位。这项以社交媒体热度评分占比 30%，作品质量/商业价值评估占比 40%，网络咨询热度评分占比 30%的市场评价充分表明了虚拟人的技术和应用在资本投入和市场需求的双重推动下日新月异。当然，虚拟世界真正的创新并不是对真实世界简单的模仿，正如人类历史上模仿鸟类制造的扑翼并不成功，深入研究才发现，其实活动翼并不是在天上飞的唯一选择，固定翼反而更先进、更安全、更持久。当然，潜艇、火车也是如此。

1.4　虚拟世界与硬核技术

虚拟人的发展历史，可以说是计算机动画（Computer Animation）、动作捕捉（Motion Capture）、自然语言处理（Natural Language Processing）、计算机视觉（Computer Vision）、语音合成（Speech Synthesis）等技术的知识集成史。《2020 年虚拟数字人发展白皮书》中提出的"五横两纵"的虚拟人制作技术架构[①]，基本覆盖了虚拟技术的概貌。

"五横"是指用于虚拟人制作、交互的五大技术模块，分别为人物生成、人物表达、合成显示、识别感知、分析决策。

"两纵"是指 2D 和 3D 虚拟人，其中 3D 虚拟人需要额外使用三维建模技术生成数字形象，信息维度增加。因此，所需的计算量更大，知识体系更加复杂。

虚拟人的交互模块涉及语音语义识别、人脸识别、动作识别、知识库和对话管理等多种复杂技术，因此不是所有虚拟人都有交互功能。而在具有交互功能的虚拟人中，根据是否有真人的驱动，又可以分为智能（AI）驱动型虚拟人和真人驱动型虚拟人两种类型。

智能驱动型虚拟人，又被称为 TTSA（Text to Speech &

[①] 相关资料或详细数据可参阅人工智能产业发展联盟 2020 年 12 月 19 日发表的《2020 年虚拟数字人发展白皮书》。

Animation）人物模型，通过广泛而深入的 AI 技术训练得到人物模型，并通过文本驱动生成语音和对应动画，新华社"AI 合成主播"就属于这种类型。

而真人驱动型虚拟人则是由真人来驱动虚拟人，通过动作捕捉采集系统将真人的表情、动作呈现在虚拟人的形象上，从而与用户进行交互。真人驱动型虚拟人早期主要用于影视制作，后来拓展至虚拟偶像行业，帮助虚拟偶像完成主持或直播等互动性强的活动，如洛天依、柳夜熙、AYAYI、A-Soul 等，而在虚拟人背后操作其活动的真人被称为"中之人"——虚拟和真实的中介。

针对"中之人"，本书会在技术章节（第二部分）及法律合规性相关章节（第三部分）分别进行探讨。

1.5 虚拟人的"阶级"

作为虚拟人领域的领先者，数字王国将虚拟人按照不同的制作精度分为 6 个级别，精度越高，呈现出来所需要的渲染效果就要越好，算力支持度也需要越高。

1. 卡通级别

以卡通动画角色形象为主，模型面数较低，骨骼绑定数量也有限，能做较为简单的动作。小梦作为中国联通智慧冬奥吉祥物，首次在 2022 年北京冬奥会庆生日亮相。小梦是充满科技感和未来感的拟人小精灵，磨砂质感的白色象征着梦幻般的冰雪世界。通透光泽的蓝色寓意着全新科技。造型简洁，颇有亲和力。

2. 二次元级别

二次元专指漫画、动画、电子游戏等二维空间的产物。二次元角色的模型精度为中模，通常形态唯美，可以洛天依为代表。洛天依取名自"华夏风韵，洛水天依"，模拟的是一位 15 岁少女，出生于 2012 年 7 月 12 日。灰发绿瞳的她情感丰富、温柔细致，擅长用歌声传递幸福和感动。一路成长，已成为各种娱乐活动的常客。

3. 风格化级别

打造具有不同风格的，印象派为主的，时尚、美丽、炫酷有吸引力的虚拟人形象，可以《和平精英》中的游戏人物为代表。《和平精英》是腾讯光子工作室出品的反恐单元竞赛体验类国产手游，致力于从画面、地图、射击手感及人物拟人化等多个层面还原原始端数据，为参与者打造极具真实感的竞赛体验。

4. 拟真人级别

非常近似于现实生活中的人，然而在身材比例、皮肤质感等方面进行了艺术化处理，没有真人的超细腻度，可以数字王国虚谷未来旗下的虚拟人 Nonoka 为代表。Nonoka 的职业属性是虚拟内衣模特，深谙最尖端的潮流。利落的短发，曼妙的身姿彰显了虚拟人的时尚感，如图 1-1 所示。

图 1-1　数字王国虚拟人 Nonoka

5．超写实级别

通过技术合成，尽可能无限地逼近真人的虚拟人，包括皮肤、头发等质感，可以虚拟人 AYAYI 为代表。2021 年 5 月 20 日，燃麦科技推出超写实虚拟人 AYAYI。相比早先的虚拟偶像，AYAYI 带着冲破虚实界限的审美，以贴近真人的虚拟形象，独特的人物个性和饱满的情感表现，与保时捷联手拍摄时尚大片，与演员井柏然合作拍摄曼塔沃斯（Metaverse，数字刊物 *MO Magazine* 的创刊号主题）封面照片，一炮而红，涨粉百万名以上。

6．电影级别

只有少数公司有能力制作电影级别的虚拟人，与真人 1∶1 复刻，可以数字王国的虚拟人艾博（Elbor）为代表。艾博的设定是来自外星的老爷爷，具有极高的知识和智慧。他脸部的皱纹、眼睫毛的密度，以及衣服的褶皱等都做到了极其逼真。

虚拟人有四大技术标准：精致画质、灵动操控、实时渲染、智能交互。能同时做到这四点是很难的。

1. 精致画质

精致画质指的是呈现出精致细腻、超写实的画面质感。

2. 灵动操控

灵动操控指的是能够高度灵活地操控表情、动作、材质等。除了惯常的表情和动作，对于虚拟人来讲，服装的动态算法也至关重要，如图 1-2 所示，数字王国旗下虚谷未来公司原创制作的虚拟人班长小艾，身着双层纱裙，在动态下呈现非常灵动飘逸的质感，这是非常考验材质算法的。

图 1-2　数字王国虚拟人班长小艾

3. 实时渲染

实时渲染指的是实现前两项所需的高品质、高灵活度的实时驱动，这是很大的挑战，而数字王国的虚拟人采用独特的虚拟人实时驱动系统，已实现了电影级虚拟人面部表情的实时灵动，包括眼球级的实时灵活追踪，如图 1-3 所示，这是数字王国虚拟人艾博。

图 1-3　数字王国虚拟人艾博

4. 智能交互

智能交互指的是将 AI 功能模块嵌入虚拟人与观者的交互中，实现虚拟人的智能化。

总结而言，虚拟人是指利用图形渲染、动作捕捉、深度学习等计算机技术构建的，以代码形式运行的，具有多种人类属性的外观特征等多种人体特征的组合。虚拟人具有三个特征：拥有者的外貌和性格特征；具有通过语言、面部表情或肢体动作表达的能力；识别外部环境和与人沟通的能力。

如今，虚拟人产业已迈入成长期，技术或不再是行业的重要壁垒，应用场景逐渐拓宽，各公司蜂拥而至，黄金时代或将来临。随着技术的进步，虚拟人在更广阔领域的应用越来越普及，概念和内涵也在不断发生改变。市场环境、产业政策、竞争格局、技术进步、投资风险、专业壁垒，预示着机遇与挑战并存，衍生价值值得期待。

第 2 章 虚拟人遍地开花

2.1 虚拟人第一大类：身份型虚拟人

人使用自己的替身形象在公共领域进行交流互动，使人们适应和创立新生活的存在方式。虽然建立在虚拟场景下，但人与人之间的交互关系却是真实的。数字分身是真实的人的映射，就像在电影《头号玩家》中，每个用户都可以选择自己期待和喜爱的虚拟形象，遨游在虚拟世界中。

在虚拟世界中，注册属于自己的虚拟身份证，使得用户在虚拟空间中有独一无二的辨识度，借以参与各种各样的活动，与同为虚拟人的伙伴社交游戏，拥有、管理并交换虚拟资产。这与现实生活中人们的生活工作方式不谋而合。可以说，获得一个数字分身是在虚拟世界中生存和发展的基础。

2.1.1 电影《头号玩家》中的"绿洲"

不管我们是否已经准备好了，虚拟人时代都已经来临。随着虚拟人的应用场景越来越多，细分领域越来越分明，背后的技术手段越来越创新，人类逐渐在现实和虚拟的境界实现共生。

论及此情此境，不得不再次提到数字王国参与特效的影片《头号玩家》，里面描绘了在虚拟技术已经非常发达的 2045 年，处于社会混乱、凋敝、环境恶劣、人口过剩、能源危机和崩溃边缘的现实世界令人失望，人们将救赎的希望寄托于"绿洲"——一个由鬼才詹姆斯·哈利迪精心打造的虚拟世界。人们只要带上 VR 设备，就可以进入这个与现实形成强烈反差的理想世界。在里面，你可以选择任何形象，也就是我们所说的 AVATAR（数字分身），你可以选择俊男或靓女，你可以是律师医生，也可以是武林高手，还可以是可怖的怪兽。总之，只要你能想到，就没有不能实现的形象。也就是说，再遥远的梦也都能变成现实。

实际上，我们与电影里面描述的年代已经越来越近了，时间我们没法选择，但内容取决于人类自己，还是上天保佑？

在电影中，除了 VR 眼镜，玩家还可以购入一种"体感衣"，有些像"中之人"穿着的紧身衣，穿着体感衣会触发人感知到身体上的触觉，例如被枪射中胸口，你会感到伤口疼痛。在电影里面的舞蹈场景中，女主角轻触男主角的身体时，男主角感受到一阵酥麻，这种真实感也使得游戏的沉浸感更胜一筹。

电影的最后一段中提到，"现实是唯一真实的"，而虚拟世界毕竟是人的一个"梦境"，让我们可以将真实世界中的自我延伸、投射、体验、反思，而最终还是要回归到现实中，在真实的人世间实修，获得成长。而数字分身，不管它离真实的你有多遥远，既是我们最亲近的一个伙伴，也是我们美好愿望的一种承载。

2.1.2　身份型虚拟人知多少

1. 虚拟个人分身

在互联网语境下，用户对于虚拟社交中形象的塑造有着更高的要求，更全面的表达诉求。在形象的创作中，各虚拟社交平台"绞尽"脑力、算力和财力，旨在打造一个立体虚拟形象，将二维的"社交名片"转化为三维的"社交资产"，以 Z 世代的年轻人为主要对象，实现各种社交玩法。

Roblox、Decentraland、The Sandbox、Horizon World 等虚拟世界的元宇宙平台都创设了各自的数字分身形象，未来随着元宇宙的发展，这些数字分身形象将参与到元宇宙的多元化场景活动中。而抖音仔仔、超级 QQ 秀等国内平台也纷纷推出了数字分身的业务。更多的人进入虚拟世界，易操作、低成本、多元化的虚拟个人分身的普及将是大势所趋。

抖音仔仔

2022 年 10 月，抖音推出了"抖音仔仔"虚拟社交功能。它支持用户创建一个个性化的虚拟卡通形象，在其中可以自主选择理想的虚拟头像，也就是"自己捏脸"。选择的内容包括面部（肤色、脸型、眉毛、眼睛等）、服装、发型、配饰等，搭配完毕后就可以生成自己的专属形象。除了更换服装，还可以选择不同的心情，并且将其保存为动态头像，甚至可以邀请好友进行聊天、合拍，在提供的场景中进行互动，包括打游戏、露营、开派队（Party）等，满足年轻人利用数字分身进行沉浸式虚拟社交的愿望。

超级 QQ 秀

2021 年 11 月底，曾经风靡一时的腾讯 QQ 秀虚拟形象得到了更全面完整的诠释，完成了从 2D 到 3D 的迭代，除了增加对虚拟形象、发型、脸型、五官等细节的定制，还可以变装，由用户来选择精致的服饰。超级 QQ 秀中也实现了品牌联动，可以引入知名品牌元素进行形象塑造。用户通过"拍同款"可以一键生成个人虚拟形象的热门动作短片，同时超级 QQ 秀为用户准备了包含舞蹈、剧情等多种类型的虚拟形象表现模板，可通过动作捕捉技术、面部表情捕捉技术更直观地传达用户形象的动作和表情。

VBS 拟人系统

2022 年 11 月底，由北京次世文化传媒有限公司（以下简称"次世文化"）打造的 VBS 系统基于 Web 3.0 的开放系统，受到业内的认可和资本市场多轮注资的热捧。利用虚拟身份作为节点，用户可以通过 VBS 系统捏脸和打造着装，生成属于自己的个性化数字分身，并与其他虚拟、现实平台进行交互，实现虚拟身份的互通互用。"未来的数字社会是去中心化的，次世文化的使命是为用户提供打造数字身份的平台，用户拿到数字身份后，可以进入更广阔、开放的数字空间。"次世文化团队介绍，数字分身是一个虚拟形象，用户可以通过指令使自己的数字分身在多个场景访问，在虚拟与现实之间无缝衔接[①]。

---

① 相关资料或详细数据可参阅《科技与金融》杂志 2022 年 12 月 21 日发表的《次世文化蔡博：运营虚拟偶像与打造真人偶像无异》。

Decentraland

Decentraland 是一个区块链驱动的平行元宇宙平台，也是目前最活跃的虚拟体验项目，到 2021 年底注册用户数约 80 万。进入该项目后，首先，创建数字分身，在 Decentraland 的系统里，性别、肤色、五官、发型、服装都可以自由定义。如果用户不满足平台提供的免费用品，还可以转到自由市场（Marketplace）去购买喜欢的皮肤。在 Decentraland 平台用户可以查阅各种活动空间，进行丰富体验。用户可以通过数字分身与朋友一起在虚拟世界观看音乐演出，在休息室休憩，参观画廊，也可以参与沉浸式游戏。

腾讯音乐 TMELAND

腾讯音乐在 2022 年跨年夜推出了首个虚拟音乐会平台 TMELAND，用户可以用数字分身进入平台观看演唱会、进行社交和游戏互动。数字分身的形象偏像素风，在进入互动社交界面后，用户可以设置各种舞蹈及互动动作。随后用户可以在主舞台海螺迪厅、热气球广场、景观公园、海滨观光塔、环球飞艇等十个主要场景中自主切换活动。用户可以选择与别的用户一同在嵌入式大屏上观看五月天的跨年演唱会。

2. 虚拟名人分身

虚拟名人分身是身份型虚拟人的重要方面。借助已有的身份与影响力，发展粉丝经济，以演说、演出、展览等文艺及商业活动变现。

故事-虚拟邓丽君: 再一次聆听《小城故事》

复活已故明星最成功的案例之一是数字王国打造的国际巨星邓丽君, 如图 2-1 所示。采用了独有的 MOVA 技术, 打造栩栩如生的优雅形态。虚拟人邓丽君凝聚了公司艺术家的无穷创意, 不像蜡像是瞬间美好静态的固化, 而是传神之作。眼神的即时交流、说话时嘴形牵动面部肌肉的和谐呈现都是复杂的技术难关。虚拟人邓丽君的每一个面部特征, 例如头发、眼睛, 甚至表情、身体语言及气质都一一展现在观众眼前, 牵动观众的记忆在现实的汇流中徜徉。

图 2-1　数字王国虚拟人邓丽君

最早在 2013 年 9 月, 虚拟人邓丽君在华人巨星周杰伦"魔天伦"世界巡回演唱会台北站, 当着数万名观众的面"复活", 并与周杰伦隔空对唱了《你怎么说》《红尘客栈》和《千里之外》三首经典歌曲。其后虚拟人邓丽君又先后几次登台与观众对话, 引起轰动。2021 年 12 月 31 日晚, 江苏卫视 2022 跨年演唱会上, 歌手周深与虚拟人邓丽君同台表演, 现场演唱了《大鱼》《小城故事》《漫步人生路》等歌曲。此时虚拟人邓丽君的制作技术已经比 2013

年要成熟许多，更加逼真，与观众的互动性也更好。

数字王国CEO谢安对第一版虚拟人邓丽君的制作过程记忆犹新，当时一位得过两次奥斯卡奖的视效艺术家，在自己的办公室里贴满了几百张邓丽君的照片。他用建模软件玛雅（Maya）一笔一画手工勾勒出虚拟人邓丽君的三维模型。在动作方面，虚拟人邓丽君最初是由一位美国演员模仿动作，进行捕捉，效果略显浮夸。后来数字王国不断研究和修改虚拟人邓丽君的神态动作，最终达到了更真实、更精细、更贴近人物原型的效果。

最新的虚拟人邓丽君早已通过实时渲染生成，成本大幅度降低，展演形式更为简便。2015年，数字王国开始深度扫描人物肌肉，深入毛细血管层面，并且引入大量人工智能技术，利用机器学习揣摩演员不同情绪下的动作和表情反馈，表现出由外及内、内外兼修、和谐发展的理想状态。现有运营虚拟邓丽君的模式以IP授权和票房分成为主。探索利用全息技术结合文化、旅游、娱乐产业的商业模式。

2021年相关数据表明[①]，全国平均可展出面积超过三万平方米的各类展览馆有三百余座，全国量贩式KTV机构有一万余家，全国影院有2000余家，全国各等级科技馆有400余座。近期如保利剧院等文化机构都有向全息数字影院方向升级的趋势，未来虚拟人在全息电影院、全息体验馆、全息科技馆等场景中的应用会更为普遍。

---

① 相关资料或详细数据可参阅智研咨询2022年2月8日发表的文章《2021年中国展览馆数量及举办展览情况分析：行业各项指标逐渐回升》。

其他虚拟名人：

黄仁勋 Toy-Me

综合指数★★

粉丝量★★

活动数量★

- **虚拟人身份：明星数字分身**

- **制作公司：NVIDIA**

- **实际情况：** 2021 年 11 月 18 日，NVIDIA 推出全方位的虚拟化身平台 Omniverse Avatar，CEO 黄仁勋现场演示了由这个平台生成的，能与人自然问答交流的"迷你玩具版黄仁勋"Toy-Me。

迪丽冷巴

综合指数★

粉丝量★★

活动数量★

- **虚拟人身份：明星数字分身**

- **制作公司：次世文化**

- **实际情况：** 迪丽冷巴是以女明星迪丽热巴为原型的二次元动漫人物，一"冷"一"热"，有一唱一和之对应，是迪丽热巴经纪公司嘉行传媒为迪丽热巴粉丝数突破 4000 万准备的一份礼物。

同时还通过真人与动漫结合的方式制作出了动画视频《冷巴ACTION》回馈粉丝。

韬斯曼

综合指数★★

粉丝量★★

活动数量★★

- 虚拟人身份：明星数字分身

- 制作公司：次世文化

- 实际情况：2019年3月，以黄子韬为原型的虚拟人物韬斯曼出现，并持续发布了连载衍生漫画，同时还斩获"2019亚洲动漫榜最潮动漫形象"等奖项。此外，作为明星数字分身，韬斯曼和黄子韬曾在湖南卫视跨年演唱会合体表演。

冯小殊

综合指数★★★

智能指数★★★

活动数量★★

- 虚拟人身份：明星数字分身

- 制作公司：中国气象局华风气象传媒集团、小冰公司

- 实际情况：冯小殊是"中国天气"主持人冯殊的数字分身，

依托小冰框架虚拟人技术构建而成。结合小冰深度神经网络渲染技术及小样本学习技术，冯小殊包括面容、表情、肢体动作在内的整体自然度提升至与真人难以分辨的程度，而训练周期仅为一周。北京冬奥会期间，冯小殊持续播报"冬奥公众观赛气象指数"，为观众带来了最前沿的气象信息。

龚俊数字人

综合指数★★★

智能指数★★★

活动数量★★

● 虚拟人身份：明星数字分身

● 制作公司：百度

● 实际情况：龚俊是中国内地男艺人中的顶流，拥有无数粉丝。龚俊数字人是龚俊的数字分身。在外表呈现上，百度引入了4D 扫描技术捕捉真人说话及日常表情的面部细微变化，做到对龚俊真人的超写实还原。依托 TTSA 技术，龚俊数字人借由 AI 合成的声音无限接近于原声，使用户产生亲切感。

虚拟人图派克·夏库尔

综合指数★★★

粉丝量★★★

活动数量★★

● 虚拟人身份：明星数字分身

● 制作公司：数字王国

● 实际情况：由数字王国打造的已故美国黑人说唱歌手虚拟人图派克·夏库尔（Tupac Shakur，1971—1996）在 2012 年现身于切克拉音乐与艺术节，演唱了"Hail Mary"和"2 Of Amerikaz Most Wanted"两首歌曲，半裸上身的图派克·夏库尔舞台表演热力四射，让观众激动不已。直到今天仍是历史上最受关注的舞台虚拟形象之一。

虚拟人马丁·路德·金

综合指数★★★

粉丝量★★★

活动数量★★

● 虚拟人身份：明星数字分身

● 制作公司：数字王国

● 实际情况：数字王国打造的复活虚拟政治名人、社会活动家、黑人民权运动领袖马丁·路德·金（Martin Luther King. Jr，1929—1968），同样运用了摄影测量（从照片中测量）、运动捕捉、人工智能和 3D 渲染等技术。《时代周刊》旗下时代工作室 2020 年 3 月推出虚拟现实博物馆 The March，利用 VR 技术再现马丁·路德·金 I have a Dream 经典演讲现场。马丁·路德·金当年仅有 20 万人亲眼见证的现场，以前所未有的灵动方式呈现在全球亿万观众眼前。

未来虚拟人可在美术馆、博物馆等场景中发挥巨大作用，与所展出的内容相配合，为观者带来更好的观赏体验。以数字王国旗下虚谷未来公司制作的虚拟人班长小艾和故宫博物院的合作为例，小艾以虚拟解说员的身份进入古代的历史画卷之中，讲解娓娓道来，可以细致到每一个知识点，每一个时空，形式生动活泼，体验身临其境。

虚拟代言人

近年来，许多品牌开始探索自建虚拟形象这种方式，帮助品牌从自身基因中提炼精华，重新以虚拟代言人来打造品牌载体，与消费者对于品牌的期待更吻合，而且成本、虚拟人形象和人设方面更为经济可控。

故事-花西子：以花养妆

2021 年 6 月，中国国货彩妆品牌花西子对外公布了品牌虚拟人物"花西子"，极具东方古典美人的面容特征，鹅蛋脸，仪态端庄，清新典雅，眉眼温柔。头发被轻挑出一缕黛色，象征着花西子的品牌色。虚拟人手持并蒂莲，寓意"清水出芙蓉，天然去雕饰"的淡雅气质。

花西子是第一个由国货彩妆品牌打造出的超写实虚拟形象，也是第一个向全世界展现具有中国特色的妆容和东方气质的虚拟形象。品牌方在设计花西子时，希望设计一个能长久陪伴品牌五年、十年甚至一百年发展的专属形象，因此积极地将企业文化的多元要素融入虚拟形象之中。

花西子品牌一直坚持"以花养妆"的品牌概念，最初因为李佳琦的直播间加持，以及明星代言销量倍增，在市场上有"过度营销"的评价，因此，花西子打造了一个符合品牌调性，具备价值输出能力的跨次元形象，是品牌人格化、符号化的体现。

可以预期的是，对花西子来说，做"养成系"虚拟人，可帮助品牌进行 IP 孵化，品牌自身也将享有更大的自主性与话语权。

肯德基－虚拟上校

综合指数★★★

粉丝量★★★

活动数量★★★

- 虚拟人身份：虚拟代言人

- 制作公司：肯德基

- 实际情况：2019 年 4 月，肯德基首次启用了 CG 合成的虚拟上校形象——一个拥有腹肌和纹身的"型男"，与以前的和蔼白胡子老爷爷形象完全不同。新形象戴着黑框眼镜加金戒指，十足的雅痞风。这是肯德基创立以来第一次用虚拟人物担任上校代言人，立刻引起了网友的热议，还火到了微博，登上热搜榜。

屈臣氏－屈晨曦 Wilson

综合指数★★

粉丝量★★

活动数量★★

- 虚拟人身份：虚拟代言人

- 制作公司：屈臣氏

- 实际情况：2019 年 7 月，屈臣氏的原创虚拟代言人屈晨曦 Wilson 正式出道，屈晨曦 Wilson 不仅将作为屈臣氏品牌代言人出现在各类市场活动和传播渠道中，还会与屈臣氏自身的大数据系统打通，针对顾客的不同消费喜好和需求提供专业化和个性化的咨询服务。2020 年 5 月底，屈晨曦 Wilson 亮相头部主播薇娅的直播间，当晚收看人数突破 2800 万。

SK-II－Yumi

综合指数★★

粉丝量★★

活动数量★★

- 虚拟人身份：虚拟代言人

- 制作公司：SK-II，Soul Machines

- 实际情况：2020 年上半年，SK-II 推出一个虚拟形象 Yumi，并官宣其为 SK-II 首位虚拟人品牌大使。Yumi 有着黑色的头发、小麦色的皮肤及精致的五官。她不仅仅是品牌的模特，还能像真人一样进行交互，帮助消费者更好地了解自己的皮肤并提供美容建议和购物引导。

2.2 虚拟人第二大类：内容型（IP 型）虚拟人

内容型（IP 型）虚拟人多用于娱乐与社交范畴，以内容 IP 运营为基本属性，多以虚拟 IP 的身份来呈现，注重外在形象的针对性、完整性和时尚性。

中国现阶段的内容型（IP 型）虚拟人处于沉淀上升时期。本书将虚拟歌姬/舞姬、虚拟主播、虚拟网红包含在内容型虚拟人的类别内，很多情况下内容型虚拟人和广义上的虚拟偶像重叠。

虚拟偶像（包含虚拟歌姬/舞姬、虚拟主播、虚拟网红）的概念最早起源于日本，是通过绘画、动画、CG 等形式制作，在互联网等虚拟场景或现实场景中进行活动，但本身并不以实体形式存在的人物形象。

虚拟歌姬/舞姬由于为用户提供了创作价值和养成感而受到喜爱，虚拟网红提供了娱乐和审美价值，这与人类歌姬/舞姬、人类网红并无本质差别，只是技术的进步允许人们创造出理想形象。虚拟主播是主播形态在虚拟世界中的呈现，以播出节目获得打赏、直播带货、线上线下演艺活动为主要经营模式。

随着科技的发展，虚拟偶像的定义不断外延，其交互性也越来越强，它们通过专辑、MV、写真集进行偶像活动，并通过粉丝同人丰富形象人设，从而获得众多用户的喜爱。

相关专家认为，人设构建是内容型虚拟人发展路径的基础，挖掘个性化内容是此类虚拟人的影响力内核。同时进行品牌人格化，通过内容、人设吸引目标用户并保持用户的黏性，提升忠诚度与口碑，结合建立持续性营销体系、提高商业化效率，才能够为虚拟 IP 不断赋能，创造真正的生命力。

▌虚拟歌姬或舞姬

故事-初音未来：参与本身即情感

虚拟歌姬本质上是开源共创这一参与式的未来模式在音乐行业的应用实践。

以初音未来为例，她可以说是最为我们熟知的一位虚拟歌姬了。形象上蓝绿色的双马尾，清甜可爱的嗓音，深受宅男宅女喜爱。本质上她是一个具有 2.5 次元拟人外表（因具有 3D 模型，处于二次元纸片人与三次元实体真人之间，而被称为 2.5 次元）的 Vocaloid 电子音乐制作软件。

从 2000 年开始，同人创作的 UGC（User Generated Content，用户生成内容）成为虚拟歌姬发展的关键，初音未来发售后，形象的版权开放，允许用户在非商业用途下使用初音未来形象进行创作。日本论坛上出现了大量翻唱的歌曲，公司随后开放了二次创作权，鼓励粉丝创作。

由于本身没有详细的设定，日本各 UGC 网站上出现了大量粉丝制作的美术人设、音频、视频内容，扩大了初音未来的粉丝圈层，诞生了无数同人创作者和"洗脑"神曲。人们按照自己的喜好，将初音"捏造"为自己喜爱的样子并撰写故事。用户们通过参与创作，强化了对虚拟形象的感情——参与本身即情感。

初音未来 2007 年出道，出道 10 周年的时候在全球办了 40 场音乐会，据野村证券评估，与初音未来相关的消费金额超过 100 亿日元，一场现场音乐会的收入在 300 万日元左右（约 19.55 万元人民币）。广告方面则从汽车、手机到快消品通吃，为 LV、丰田卡罗拉、宝马 Z4、索尼 Xperia、力士等品牌做过代言。此外，她还是北海道某乐园的代言人、谷歌 Chrome 首位日本形象代言人。

林明美

综合指数★★★

粉丝量★★★

活动数量★★

● 虚拟人身份：虚拟歌姬

● 制作公司：Production I.G

● 实际情况：林明美是广为人知的初代虚拟歌姬。1982 年，动画《超时空要塞》播出后大热，动画中的女主角林明美被官方力捧出道，以动画中角色的形式发布了个人单曲。她那首《可曾记得爱》，在《超时空要塞》1984 年剧场版结尾高潮时唱响，在战火和歌声交织的背景中，渲染了极致的浪漫和壮丽，留下了动漫史上经典的一幕。

洛天依

综合指数★★★★

粉丝量★★★★

活动数量★★★★

- 虚拟人身份：虚拟歌姬

- 制作公司：上海禾念信息科技有限公司

- 实际情况：2012 年 3 月，洛天依的形象设计首次被公布。作为最知名的虚拟偶像之一，洛天依的微博粉丝数在 2024 年达到 516.3 万，B 站粉丝数达到 295.8 万。至 2024 年 6 月底，洛天依共发布了 164 张专辑，原创歌曲几千首。洛天依近年来上遍了央视、各大卫视，甚至站上了 2021 年央视春晚的舞台，登上了 2022 年北京冬奥会文化节开幕式。目前，已经与长安汽车、百雀羚、肯德基、森马、三只松鼠、美年达、浦发银行、必胜客、交通银行等合作代言，并在 2022 年 6 月，出道 10 周年之际成为首尊入驻上海杜莎夫人蜡像馆的虚拟歌手蜡像。

鹿晓希 Lucy

综合指数★★★

粉丝量★★

活动数量★★★

- 虚拟人身份：虚拟歌姬

- 制作公司：腾讯音乐娱乐集团（TME）

- 实际情况：2022 年 12 月，腾讯音乐娱乐集团（TME）首位签约超写实虚拟歌姬鹿晓希 Lucy 出道，并入驻腾讯音乐人，鹿晓希 Lucy 推出首支单曲《叠加态少女》，于 12 月 12 日同时登上 TME 旗下的 QQ 音乐、酷狗音乐、酷我音乐三大平台，同时鹿晓希 Lucy 也是首个推出杜比全景声乐作品的超写实 AI 虚拟歌姬。

《QQ 炫舞》游戏 - 星瞳

综合指数★★★

粉丝量★★

活动数量★★★

- 虚拟人身份：虚拟歌姬

- 制作公司：腾讯 QQ 炫舞

- 实际情况：2021 年 10 月，星瞳在上海时装周携手品牌 Levi's 亮相，一炮而红，星瞳定位于"游戏圈第一虚拟时尚舞者"，主打潮流时尚的形象和超越现实的舞蹈能力。之后星瞳被邀请成为李宁首位潮流星推官，还基于民族舞蹈文化与知名舞蹈艺术家杨丽萍进行了新文创合作。

《王者荣耀》游戏 - 无限王者团

综合指数★★★

粉丝量★★★

活动数量★★★

- 虚拟人身份：虚拟歌姬

- 制作公司：北京蓝色光标数据科技股份有限公司、腾讯游戏

- 实际情况：2019 年 5 月，由《王者荣耀》玩家票选出来的偶像男团无限王者团出道，至 2024 年 6 月底已发布 12 张专辑，微博上有 229 万粉丝，已与纪梵希、MAC 等品牌达成合作。2022 年 1 月，推出成都大运会主题推广歌曲《十分热爱》。

A-Soul

综合指数★★★

粉丝量★★★

活动数量★★★

- 虚拟人身份：虚拟歌姬

- 制作公司：抖音有限公司、北京乐华圆娱文化传播有限公司（下面简称"乐华娱乐"）

- 实际情况：2020 年 11 月，乐华娱乐首个虚拟偶像团体出道，成员由 5 个人组成，已经发行了 4 张专辑。5 位成员的微博粉丝数均超百万，其中 Λ-SOUL 嘉然的粉丝数达 247.2 万，团队已为华硕、肯德基、欧莱雅、Keep、小龙坎火锅、Pico-VR 等多个品牌代言。

▍虚拟主播

虚拟主播的本质是虚拟人物这种形态在主播职业上的应用。

虚拟主播的核心由 2.5 次元拟人外形、官方拟定的人设与相关

企划、"中之人"的演绎三部分构成。一般来说，其原理是运用动作捕捉、表情捕捉和声音处理等技术将"中之人"的演绎应用于3D动画模型之上。虚拟主播最初以视频形式与粉丝见面，之后以直播形式迅速兴起。

独具特色的形象和人设是虚拟主播有市场的基础 —— 可爱的外表吸引人们的目光，有趣的"灵魂"吸引人们持续关注。不同于虚拟歌姬模糊开放的官方设定，虚拟主播往往具有相对确定的官方人设，以"接地气""反差萌"等特征为主。比如，虚拟主播绊爱的设定是人工智能，视频中却展现了"人工智障"的特点。①

虽披着虚拟外表，但虚拟主播的核心依旧是"人"。正如人类主播，虚拟主播为粉丝提供了乐趣、陪伴、互动与反馈的精神价值，其"吸粉"核心依旧在于趣味内容的持续产出。

故事-"我是不白吃"：人设在前，销售在后

"我是不白吃"IP的创作者——重力聿画公司创始人，首先选择了制作"美食番"的原创动画，因为它更容易植入餐厅和食品，分摊制作成本。然而，做了两季"食神魂"，虽然一共收获了4亿次的播放量，但公司依然难以收回成本。2019年7月，重力聿画公司开始研究短视频平台，在以往的经验下，仍然从"美食"切入，在大多数以"吃播、探店、烹饪"为主的美食类账号之外，推广"美食文化"和"美食科普"。参考"舌尖上的中国"，重力

---

① 相关资料或详细数据可参阅脉脉网2020年5月26日发表的文章《虚拟偶像之热——未来趋势还是一时噱头？》。

聿画公司通过多年开发动画和喜剧的经验，结合技术创作出了一系列内容。

在 IP 的设计上，"我是不白吃"在每一个视频结尾都喊出"我是不白吃，我真是太有文化了"，强调"不白吃"不仅仅形象可爱有趣，而且在美食文化上十分"专业"，这个"专业"的人设为不白吃提供了商业化价值。

内容转化为销售

重力聿画公司延伸出了动画带货的逻辑：用有趣而有用的内容来吸引观众，从而使观众自然吸收优质内容中的产品销售话术，进而转化为销售率。

重力聿画公司在确立了"我是不白吃"这一吃货 IP 后，一周内就做出 50 集内容。第一集"油条"主题的动画视频上线后，播放量达到 400 万次，点赞 20 万次。两个月后，"我是不白吃"的抖音粉丝达到 100 万人，快手粉丝达到 50 万人。3 个月后，"我是不白吃"开始商业化。第一条商业视频与"上好佳"合作，前半部分视频讲述薯片的历史，后半部分为上好佳做露出，并且在视频上放置购买链接。意料之外，这条视频带了几万元的货，播放量也一直保持平稳。[①]

品质把控

"美食"短视频成功了，2020 年 3 月，"我是不白吃"进军抖

---

① 相关资料或详细数据可参阅 36 氪 2020 年 7 月 20 日发表的文章《"我是不白吃"6 个月收获千万粉丝，"重力聿画"完成 2000 万元 Pre-A 轮融资》。

音直播间，首秀的观看人数达到 312 万，峰值在线 4 万人，单场直播涨粉数达到 12 万；重力聿画公司的"我是不白吃"的直播已经做到单场销售额超百万元级别，场均销售额约为 48 万元，据团队透露，"我是不白吃"在 2020 年全网虚拟 IP 直播的销售数据中位居前三。

在品牌招商上，重力聿画公司在商业化之初就成立了招商团队，不做松散的接单模式，而是同供应链里的资深团队共同开展招商过程，从带货初期就与头部品牌合作，将自身的价值追求嵌入系统价值效应之中，避免因为合作品牌出现质量问题而损伤"我是不白吃"的 IP。

内容矩阵

在第一个"我是不白吃"的 IP 逐渐稳定后，重力聿画公司开始建设"不白家族"，不白吃的姐姐"我是不白用"的视频于 2020 年上线。不同于"我是不白吃"的吃货属性，"我是不白用"瞄准了家居、日化、小家电这一品类，主打年轻女性的下沉市场，而"我是不白用"上线两个月已经收获了抖音 70 万名粉丝，快手 120 万名粉丝。除此之外，重力聿画公司已经开始在各大消费垂直类商品消费市场建立内容矩阵。

绊爱

综合指数★★★

粉丝量★★★

活动数量★★

- 虚拟人身份：虚拟主播

- 制作公司：日本 Activ8 株式会社

- 实际情况："绊爱"是虚拟主播 VTuber 概念的创立者，开启二次元风格虚拟人时代。2022 年，其 YouTube 主频道和游戏频道的粉丝总数已超过了 400 万。在 2022 年 2 月 26 日，绊爱举行了线上演唱会"Hello World 2022"，超过 1000 位国内外虚拟主播参与了线上演唱会，最终演唱会收获 36.26 万元和 B 站高达 1065 万的人气值[①]，之后，绊爱宣布进入"无限期休眠"。

冬冬

综合指数★★★

粉丝量★★★

活动数量★★★

- 虚拟人身份：虚拟主播

- 制作公司：阿里巴巴集团控股有限公司

- 实际情况：冬冬由阿里巴巴集团全球科研机构达摩院开发，角色设定为生于北京的 22 岁女孩，个性热情直率，喜欢冰雪运动。冬冬以"2022 年虚拟人冬奥宣推官"的形象出现，协助推广 2022 年北京冬季奥运会。冬奥会期间，冬冬的主要责任是一个在淘宝直播间售卖冬奥会官方特许商品的带货主播，能够与直播间观众实

---

① 相关资料或详细数据可参阅《每日经济新闻》2022 年 2 月 26 日发表的文章《初代虚拟主播绊爱"无限期休眠"，虚拟人也会消亡？》。

时互动,即兴表演脱口秀,以及表演各种冰雪运动技能。

梅涩甜

综合指数★★

粉丝量★★

活动数量★★

● 虚拟人身份:虚拟主播

● 制作公司:北京山魈映画科技有限公司、腾讯新闻客户端

● 实际情况:2021 年 5 月 30 日出生于元宇宙,梅涩甜代表着新国潮智慧型虚拟偶像,也是腾讯新闻首位虚拟人知识官。梅涩甜目前活跃在知识科普、脱口秀表演、时尚生活、文艺创作等领域。脱口秀代表作是《梅得说》,并担任"汉语桥"全球外国人汉语大会虚拟人推广大使、北京国际电影节元宇宙推介官。此外,梅涩甜还与杂志《时尚先生》跨界合作,推出了一系列"元宇宙"主题的短视频。

伊拾七

综合指数★★★

粉丝量★★★

活动数量★★★

● 虚拟人身份:虚拟主播

● 制作公司：成都一几文化科技有限责任公司

● 实际情况：2019 年 5 月，伊拾七以 2D 动漫形象在抖音上线，并于 2020 年 4 月晋升到超写实虚拟主播，以创作视频为主，至 2024 年 6 月底，抖音粉丝数已经达到 1134.4 万，并与阿里游戏、莉莉丝游戏、今日头条、立白、启辰汽车、DR 钻戒、广汽本田、麦当劳、孚日家纺、得宝等诸多品牌合作。

默默酱

综合指数★★

粉丝量★★

活动数量★★★

● 虚拟人身份：虚拟主播

● 制作公司：北京中科深智科技有限公司

● 实际情况：诞生于 2017 年，默默酱曾参加日本东京举办的 Anime Japan 2018 东京国际漫展出道，一直活跃在抖音、B 站、微博等平台，至 2024 年 6 月底，抖音粉丝数达 452.9 万。目前已经发布多支音乐 MV，在抖音上多次直播带货。

ViVi 子涵

综合指数★★

粉丝量★★

活动数量★★

- 虚拟人身份：虚拟主播

- 制作公司：北京齐乐无穷文化科技有限公司

- 实际情况：2020 年 8 月，ViVi 子涵以当红齐天集团联合创始人马子涵为原型出道，高峰期抖音粉丝数达 92.3 万。目前，ViVi 子涵打造了国内首场虚拟人直播演唱会，参与多场虚拟带货直播，主持广告创意奖项 One Asia 万亚国际创意奖 2021 年度颁奖典礼，以及被聘为成都市青白江区城市推荐官，在新浪 VR 2021 年行业颁奖典礼上获评"元宇宙优秀虚拟偶像奖"。

沐岚 LAN

综合指数★★

粉丝量★★

活动数量★★

- 虚拟人身份：虚拟主播

- 制作公司：南京霍巴信息科技有限公司、九转棱镜北京科技有限公司

- 实际情况：2021 年 6 月，首位科技虚拟 Up 主沐岚 LAN 出道，她来自 2077 年，是一位星际特快员，天生带着未来科技的基因。沐岚 LAN 除担任三星虚拟体验官，参与抖音直播带货外，还是北京市数字经济体验周的代言人。

yoyo 鹿鸣

综合指数★★

粉丝量★★

活动数量★★

- 虚拟人身份：虚拟主播

- 制作公司：上海米哈游网络科技股份有限公司

- 实际情况：2020 年 5 月，米哈游旗下的新生虚拟形象 yoyo 鹿鸣出道，她也是米哈游自研壁纸软件"人工桌面"的看板娘。高峰期，yoyo 鹿鸣在 B 站上有 137.5 万粉丝，抖音上有 54.8 万粉丝。2022 年 7 月，yoyo 鹿鸣的首场直播突破了 50 万人次观看，登上了抖音热门榜第一名的宝座。

关小芳

综合指数★★

粉丝量★

活动数量★★

- 虚拟人身份：虚拟主播

- 制作公司：北京快手科技有限公司

- 实际情况：关小芳是快手于 2021 年 11 月推出的首个基于多模 AI 捕捉驱动能力和实时真实感渲染打造的虚拟主播，其利用

AR/MR 技术实现了逼真的、沉浸式的虚实场景融合，能够在直播间与粉丝实时互动交流，与真人主播相互配合或连麦互动，显著提升涨粉效率、在线观众人数和互动效果，目前已成为苏泊尔、拉芳等品牌的推广大使。

冰糖 IO

综合指数★★

粉丝量★★

活动数量★★

● 虚拟人身份：虚拟主播

● 制作公司：哔哩哔哩网站（由上海宽娱数码科技有限公司及其关联公司提供服务）

● 实际情况：于 2019 年 5 月出现，冰糖 IO 是一名虚拟主播，主要活跃在 B 站，高峰期拥有粉丝 122.6 万名，其发布自制 MMD、游戏、配音、演唱及翻唱等类型的视频作品，同时也直播唱歌、杂谈、打游戏、动画点评、与其他主播联动等。

▍虚拟网红

虚拟网红在高度仿真人的外形下，其个人身份、生活方式、外表，甚至思想和行为，都是背后团队精心设计的产物，是为了满足观众"胃口"而创造出的"圈钱利器"。

如果说虚拟主播是虚拟人物在视频和直播行业的应用，那么虚拟网红是 CGI（Computer Generated Image，计算机生成图像）技术在 Instagram 等社交平台上的应用；如果说虚拟主播是偏二维的"动画化的人"，那么时尚网红就是偏三维的"人化的动画"。其成名路径与人类网红并无二致：通过造型和生活方式传递审美和时尚理念，通过身份、立场、言论在网络上受到更多关注，成为 KOL 并进行商业化变现。

提到虚拟网红，不得不提一个关键词——KOL，即 Key Opinion Leader 的简称，指"关键意见领袖"。KOL 营销被视为一种比较新的营销手段，它发挥了社交媒体在覆盖面和影响力方面的优势。有话语权的 KOL 的粉丝黏性很强，其价值观等各方面都很认同他们（指 KOL），所以 KOL 的推荐是自带光环的，粉丝们会细读、点赞和购买。很多虚拟网红 KOL，受到的关注度都在千万级，甚至亿级。抖音、小红书等多个平台都在打造自己的带货 KOL。当然，电商平台想打造出成功的 KOL，需要通过长时间的培育运营和差异化的成长路径。

故事-柳夜熙：忽如一夜春风来

作为 2021 年现象级虚拟人，柳夜熙于 2021 年 10 月在短视频平台以"柳夜熙"的账号发布了一个身着古装、刘镜梳妆的时长 2 分 8 秒的短视频，到 2024 年 3 月，这条视频仅在抖音平台就收获了 360.6 万次点赞。柳夜熙具有中国风的玄幻色彩妆容和捉妖师的身份契合当下流行的国潮风尚，充满科技感的特效与赛博朋克风格的后期调色，充满 Z 世代年轻人所喜好的元素。

柳夜熙的团队经过 8 个月的策划，从市场定位、人物设定与制作、故事情节创作、拍摄和后期制作等各方面进行打磨。在柳夜熙的面部形象上，设定了国风和不具攻击性的标签，在神态和表情上，参考了李若彤的高冷清丽的感觉。在创始人谢多胜看来，柳夜熙的爆红，50%的因素源于元宇宙的概念热度，30%的因素源于其 2.5 次元的设定和技术水平，20%的因素源于视频创意和世界观的搭建①。

"忽如一夜春风来"，柳夜熙是如何在众多偶像中火出圈的？她身上的"美妆""虚拟偶像"的两个标签都是在元宇宙概念催生下资本力捧的焦点。据制作方说明，柳夜熙设定在 2.5 次元是具有深意的，她像是游走于三次元现实世界和二次元纯 CG 世界边缘的精灵，当她与真人演员同时出镜时，一点也不违和。

柳夜熙的 IP 定位并不是一个日常运营的虚拟美妆博主，公司并不会让柳夜熙与粉丝分享日常生活，也不会发布妆容教程等内容，以保持虚拟 IP 的神秘感。柳夜熙自己有一套完整的世界观，后续的内容也会以美妆和捉妖为主题，有的放矢地拓展元宇宙的边界。

在营销层面上，与同一级别的虚拟网红翎_Ling、AYAYI 类似，柳夜熙也是出现在微博、抖音、小红书等社交平台，与真人网红一样，通过自己的照片和视频吸引粉丝后接商业代言。从 2021 年爆火开始，柳夜熙至今合作的品牌包括百度 Apollo、小鹏汽车、VIVO，还有娇韵诗、安踏、字节游戏等多个品牌。需要了解的是，

---

① 相关资料或详细数据可参阅《新京报》2021 年 11 月 24 日发表的文章《"柳夜熙"吸粉百万，打造"元宇宙概念偶像"不便宜》。

目前市面上大部分超写实虚拟人仍然难以做到实时直播，通常采用离线 CG 流程制作视频，能够将超写实与实时渲染相结合的虚拟人凤毛麟角。

柳夜熙的视频创作，背后是 140 余人的团队策划运营和百万元一期的视频制作费用投入。然而，在抖音平台上，柳夜熙也只更新了 52 期内容。维持像柳夜熙这样的虚拟人一年的运营成本，也要近千万元。因此，为虚拟人运营降低成本、增加效率是"柳夜熙们"要持续以 IP 内容变现的必经之路。柳夜熙"忽如一夜春风来"的关注度是否得以持续，还需要时间来验证。

流行于国际的虚拟网红：

Lil Miquela

综合指数★★★★

粉丝量★★★★

活动数量★★★

● 虚拟人身份：虚拟网红

● 制作公司：Brud

● 实际情况：Brud 是一家美国公司，以创造具有人工智能的虚拟角色而闻名，它推出的 Lil Miquela 是元宇宙的第一虚拟网红，人设是一位住在洛杉矶的 20 岁巴西、西班牙混血女孩，同时她还是模特和歌手。

Lil Miquela 先后与 Diesel、Prada、Givenchy 等国际大牌合作，此外还被 *Cosmopolitan*、*ELLE*、*Vogue* 等杂志争相报道。她在网络上发布过好几首单曲，都带有赛博朋克世界的先锋气质。

Imma

综合指数★★★★

粉丝量★★★

活动数量★★★★

- 虚拟人身份：虚拟网红

- 制作公司：ModelingCafe

- 实际情况：Imma 是一位留着粉红色的齐耳短发的日本潮妹，像很多时尚博主一样，她会穿着 Balenciaga、Christian Dior 等名牌装束在社交媒体上发布街拍照片。Imma 跟许多大牌都有合作，最知名的广告片是与 SK-II 合作的神仙水广告，在其中 Imma 饰演了一个可以妙手生花、传递魔力的角色。Imma 代表了亚洲人的审美和年轻、朝气蓬勃的形象。她的妆容极其精致，由团队的女性工程师精细打造。

努努 Noonoouri

综合指数★★★

粉丝量★★★

活动数量★★★

- 虚拟人身份：虚拟网红

- 制作公司：Opium Effect

- 实际情况：努努 Noonoouri 是一位 8 岁，身高 150cm，拥有一头黑色头发的时尚虚拟网红，她现居巴黎。她的人设是：Cute+Curious+Couture（可爱+好奇心+时装质感）。尽管只是虚拟偶像，而且形象并不拟真化，但是她却受到了各大奢侈品牌的青睐，出现在 Versace、Chanel、Balmain、Dior Makeup 的广告、秀场及杂志封面中，在 Instagram 上也有几十万的粉丝。2019 年 8 月，努努 Noonoouri 与天猫 Luxury Pavilion 一起合作，还与易烊千玺一起合作拍摄了 VogueMe 的封面。

Shudu Gram

综合指数★★★

粉丝量★★

活动数量★★★

- 虚拟人身份：虚拟网红

- 制作公司：英国摄影师 Cameron-James Wilson

- 实际情况：Shudu Gram 是一个性感典雅的黑人超级模特，她的存在为虚拟人世界带来了多样性。而她的人设则是自信、独立，以及若即若离的神秘感，她和努努 Noonoouri 时常相互点赞，打破了次元壁。2018 年，Shudu Gram 出现在高级时装品牌 Balmain 的产品册中，在 2019 BAFTAs 颁奖礼中穿着定制的施华洛世奇礼服出镜。2018 年，Shudu Gram 出现在 Rihanna 的化妆品牌 Fenty 的唇膏广告中。此外，她还为 *Harper's BAZAAR*、*Cosmopolitan* 和 *Vogue* 等杂志拍摄封面。

需要认识到，在国外社交网络上受欢迎的虚拟网红不一定能适应国内网络的生态，高峰期在微博上 Imma 的粉丝数才 2365，努努 Noonoouri 的粉丝数不到 20 000，想要运营与国内市场受众接轨的虚拟人物需要做足够的市场调研，让虚拟人物"接地气"。如有可能，在创立初期，应寻找已有流量 IP 来带动虚拟偶像的 IP。

▌流行于国内的虚拟网红：

AYAYI

综合指数★★★★

粉丝量★★★

活动数量★★★★

- 虚拟人名：AYAYI

- 虚拟人身份：虚拟网红

- 制作公司：燃麦科技

- 实际情况：AYAYI 于 2021 年 5 月亮相，首发帖阅读量达到近 300 万。之后 AYAYI 成为"天猫品牌数字主理人"和阿里巴巴的首个数字人员工。高峰期 AYAYI 微博粉丝数达到 89.7 万，已经与蒂芙尼、娇兰、保时捷、欧莱雅、安慕希、广汽本田、自然堂等品牌达成合作，并被"2022 北京冬奥组委"特聘为"知识传播行动"讲解员。2024 年 1 月，AYAYI 入选"2023 年度十大虚拟数字人"。

翎_Ling

综合指数★★★★

粉丝量★★★★

活动数量★★★★

● 虚拟人身份：虚拟网红

● 制作公司：北京次世文化传媒有限公司、魔珐（上海）信息科技有限公司

● 实际情况：2020 年 5 月，翎_Ling 正式出道，名字取自京剧演员头戴花翎的"翎"。她具有鲜明的东方特色，有着精致的五官和清冷的气质。她曾登上中国电视台国风少年创演节目《上线吧！华彩少年》向大众传递传统文化，展现国风态度。翎_Ling 的喜好和特长包括中国传统文化、京剧、书法、太极和茶艺。2021 年 1 月，翎_Ling 成为首位登上 *Vogue Me* 封面的虚拟人物。

李未可

综合指数★★

粉丝量★★

活动数量★★

- 虚拟人身份：虚拟网红

- 制作公司：杭州李未可科技有限公司、字节跳动有限公司

- 实际情况：2021 年，杭州李未可科技有限公司同名虚拟形象李未可横空出世，在 B 站上推出李未可的视频漫剧《未可 Wake》。后来，李未可活跃在多个平台，高峰期在抖音上拥有约 99 万名粉丝。曾作为智能科技合作伙伴参与了巨量引擎举办的"文旅生态大会"。目前，李未可是公司产品 XR 眼镜的品牌 IP。2021 年 6 月，李未可代言大理元宇宙版城市大片，冲上抖音同城话题榜榜首。

Celix 赛

综合指数★★

粉丝量★★

活动数量★★

- 虚拟人身份：虚拟网红

- 制作公司：胡斯卡尔（北京）文化传播有限公司、智造科技

- 实际情况：2021 年 5 月出道的 Celix 赛是首个参与斯巴达勇士赛的虚拟选手，具有俊朗帅气、健康阳光的外形。微博粉丝数曾高达 43.8 万。曾登上一线时尚男刊《智族 GQ》。目前，Celix 赛已与三星 Galaxy、361°、汉密尔顿腕表、外星人电解质水、Calvin Klein、绝对伏特加等品牌合作。最知名的活动是 Celix 赛在纽约时装周期间，作为入选的十大中国虚拟人，登上了全球顶尖数字

内容平台 OUTPUT 在纽约时代广场的裸眼 3D 大屏。

Vince

综合指数★★

粉丝量★★

活动数量★★

- 虚拟人身份：虚拟网红

- 制作公司：北京世悦星承科技有限公司

- 实际情况：2021 年推出的虚拟男网红 Vince 曾参加 Todd Hessert Jiang 2022 Meta Human 时装秀，是 2021 网易未来大会的数字星推官。目前，Vince 的合作代言包括森海塞尔、Christian Dior、李宁、Calvin Klein、Vivo、COSMO 时尚、Wonderland 等。2022 年 5 月，88rising 虚拟厂牌 Playground 成立，Vince 成为与之签约的第一个虚拟网红。随后 Vince 推出了同名单曲《Vince》。

川 CHUAN

综合指数★★★

粉丝量★★

活动数量★★★

- 虚拟人身份：虚拟网红

- 制作公司：MOS META

● 实际情况：2021 年 9 月，一位有着东亚混血特色长相，拥有双色异瞳的男虚拟网红川 CHUAN 首次亮相，发布单曲《川的世界》，与兰芝、理想国、Wonderlab、服装 YES BY YESIR、木木美术馆等合作。同时也是中国福利基金会爱小丫基金的"数字公益使者"。2022 年 5 月，川 CHUAN 发布了自己的数字藏品"无香玫瑰"，上线一秒便售罄。

Dr.Yu 宇博士

综合指数★★

粉丝量★★

活动数量★★

● 虚拟人身份：虚拟网红

● 制作公司：北京量子匠星数字科技有限公司

● 实际情况：Dr.Yu 宇博士的定位为首个知识类虚拟人，人设是 40 岁左右、戴眼镜的男性专家学者形象。未来 Dr.Yu 宇博士将会深入科技财经话题，探讨人文及社会现象，向用户输出人格化内容等。Dr.Yu 宇博士还打破了次元壁，拥有来自现实世界的朋友，这种"社交关系"的建立实现了虚拟与现实的交互。

2.2.1　内容型（IP 型）虚拟人的粉丝黏性

内容型（IP 型）虚拟人的商业价值主要来源于获取粉丝的数量，然而 IP 的打造和粉丝数量的积累是一个漫长的过程。虚拟人的价值，已经被越来越多的市场化平台认可。成功运营虚拟人内容和 IP 的核心是构建互动性强、黏性大的粉丝生态体系。内容产业包含所有形态：文字，声音，动画形象（改编动画），与真人出演 MV 和短视频，音乐会，线下生日会，线下主题店等。以内容生产作切口，通过贴近粉丝形成闭环，打破次元壁垒，最终塑造出一个让粉丝沉浸的世界，粉丝基础将为一切商业变现提供可能。表 2-1 展示了内容型虚拟人的三大类型。

表 2-1　内容型虚拟人的类型

内容型（IP型）虚拟人的类型	内容型（IP型）虚拟人的类型举例	粉丝黏性分析
虚拟歌姬/舞姬、偶像团体	•日本（初音未来，镜音双子） •中国（洛天依，鹿晓希 Lucy，"麟&犀"组合） •英国（Gorrilaz 虚拟乐队）	粉丝活跃平台：二次元视频弹幕网站 bilibili、ACfun 及其他相关平台 粉丝活动方式：线上以音视频内容产出与分享为主，追捧有名的歌曲创作者；线下参加演唱会 粉丝喜好：大多是歌曲入坑，喜欢精美的音乐作品及美图视频
虚拟主播	在各直播平台提供娱乐内容和直播带货 •日本"四天王"：绊爱、辉夜月、MIRAI AKARI&SHIRO、萝莉狐娘 •中国代表：我是不白吃（重力聿画）、默默酱（光合造米）、伊拾七（一几文化）等	粉丝活动平台：B 站、繁星直播、斗鱼、抖音 粉丝活动方式： 国内主要是观看主播视频/直播并打赏、海外虚拟主播会通过官方字幕组与粉丝进行互动 粉丝喜好："梗"多，好听歌曲多，游戏能力强，人格魅力大，宠粉程度高，是世界文化特色，也是重点关注因素
虚拟网红	在社交平台上分享日常生活、经营社群的时尚相关虚拟偶像 •美国：Miquela •日本：Imma •中国：翎_Ling、Ayayi、柳夜熙	粉丝活跃平台：Instagram，Facebook，微博等 粉丝活动方式：虚拟网红日常 po（指上传网络）出自己的照片，追随者点赞互动，网红代言的商品会购买支持，线下为偶像庆祝生日等 粉丝喜好：受到虚拟网红的影响，Z 世代偏好时尚潮流与个性彰显

内容型（IP 型）虚拟人，也就是虚拟偶像的概念也被引入了选秀类综艺活动，受到不同层面观众的欢迎，也为虚拟偶像提供了展示的平台。例如，爱奇艺推出的虚拟偶像选秀节目《跨次元新星》，云集了多家演艺公司的虚拟偶像参赛，结合唱歌、舞蹈、游戏等元素，首次将虚拟偶像与真实舞台表演相结合，同时邀请真人评委点评，实现虚拟偶像和真人的跨次元互动。

江苏卫视打造了一档虚拟偶像选秀综艺《2060》，虚拟偶像通过竞赛脱颖而出，受到广泛关注。B 站也推出《虚拟人成材计划》，观众可以通过网络投票，支持虚拟偶像出道或让其回炉重造，观众通过虚拟偶像重新设置、重新学习和提升的过程，更加具有参与感和获得感。

2023 年 1 月 8 日，韩国影视产业新巨头 Kakao 公司推出了虚拟偶像选秀节目《GIRL'S RE：VERSE》。节目邀请 30 名生活在现实世界中的 K-Pop 女孩在虚拟世界中表演。由观众投票决定出被淘汰的女孩，而她们需要在现实世界中公布自己的真实身份。

2.2.2 内容型（IP 型）虚拟人的优缺点

内容型虚拟人有以下几个优点。

可控性：虚拟人无过往负面历史，相对于真人网红，虚拟网红具有较强的可控性，可以最大限度地避免合作过程中可能出现的各种意外情况（明星吸毒、出轨、酒驾、逃税等）。

专业性：可出现在多个不同的场合，随时都能够以最完美的状态展现在众人面前。

定制化：公司可以根据产品用途、内涵和品牌战略目标量身定制虚拟人。

非现实感：虚拟人给人以更多的想象空间，人们可以按照自己的理想和意图将虚拟代言人在头脑里"完整化"，使代言人能最大程度地满足有心理差异的目标群体的情感需要。

独特性：具有高热度和新奇性等特点，设计独特的虚拟人易于在众多的明星广告里脱颖而出。

内容型虚拟人也有以下一些缺点。

争议性：虚拟人的人设和言论不属于自己，而是被人为操控的，缺少透明性。这是否是一种新形态——虚拟人的创造者通过虚拟人的形象来表达自我倾向？比如有色人种，LGBTQ 等。创造完整的虚拟人故事和背景需要合作，例如 Shudu Gram，创作者 Cameron–James Wilson 是一个白人男性，时尚摄影师，他和黑人女作家 Ama Badu 一起为 Shudu Gram 创作人设和故事背景，真实性和虚拟性要完美结合。

互动性欠缺：相比真人明星能够实现线上直播带货、发布抖音短视频、举办线下品牌见面会等频繁与粉丝互动的行为，内容型（IP 型）虚拟人在技术上还无法高频率、自然地实现，这也是很多品牌方有顾虑的原因。缺少高频率、快速、多维度的互动，也就缺少高频率、快速、多维度的话题发酵和品牌传播，所以品牌方宁愿冒着高风险去找寻一个又一个真人明星，在和内容型（IP型）虚拟人的合作方面持有相对谨慎的态度。

风格单一：多家知名品牌方表示目前没有驱动效果特别灵活、互动效果特别自然的虚拟偶像，而且市面上的内容型（IP 型）虚拟人大部分都是"可爱系""天然呆"风格，一定程度上是技术问题导致风格受限，无法满足不同品牌方的内在需求。比如，国外 Imma 这种潮牌风、努努 Noonoouri 这种高级风，目前在国内的虚拟网红中相对是少见的。

2.2.3　虚拟人领域的投资热潮

如图 2-2 所示，从 2017 年开始到 2022 年，对虚拟人的投资持续走高，在 2022 年达到顶峰。

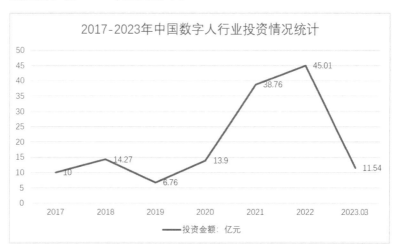

图 2-2　2017—2023 年中国虚拟人行业投资情况统计[①]

其中，世优（北京）科技有限公司和魔珐（上海）信息科技

---

① 相关资料或详细数据可参阅中商情报网所绘制的表格《2017—2023 年中国虚拟人行业投资情况统计》。

有限公司都在 2022 年获得了超亿元的融资，魔珐科技两轮融资共计 1.3 亿美元（约 15 亿元人民币）。目前看来，获得 2022 年虚拟人领域投资的公司分为两类：一类是制作运营虚拟人的公司，另一类是提供平台、技术和服务的公司。分析一下头部的几家公司的被投原因，无一不是基于成熟的技术、过硬的服务，以及量产的内容。

魔珐科技成立于 2018 年，是一家以计算机图形学和 AI 技术为核心的科技公司。公司旗下有三大虚拟产品体系，分别是三维虚拟内容制作智能云平台、虚拟直播和线下实时互动产品和 AI 虚拟人能力平台。

公司所制作的虚拟人包括超写实虚拟人、拟真人虚拟人、风格化虚拟人、卡通虚拟人，同时融入运营和内容制作，通过旗下平台和产品，让虚拟人高频次输出线上线下互动内容，同时以虚拟人助力营销增收和商业变现。魔珐科技不仅打通了虚拟人制作、运营、商业变现的上下游，还具有过硬的技术能力和服务力，因此成功融资亿元级。

世优科技成立于 2015 年，是一家聚焦虚拟人、虚拟内容打造的虚拟技术提供商，其核心竞争力是元宇宙虚拟人技术和实时快速的虚拟内容制作系统"Puppeteer 虚拟工厂"，该系统用来输出虚拟人形象和虚拟内容。公司的虚拟人平台产品分为消费级、入门级、专业级、AI 类四个系列，分别对应着手机直播、虚拟主播、广播电视、和商业广告的具体应用场景[①]。世优科技继 2022 年 1

---

① 相关资料或详细数据可参阅新浪网 2022 年 9 月 20 日发表的文章《2022 虚拟人领域投融资 22 起，热度不减，有公司融资上亿元》。

月获得千万级融资后，再度完成超亿元人民币的 A+轮融资。

上海燃麦网络科技有限公司成立于 2020 年，其核心产业是数字资产运营及管理，核心产品是 AYAYI 等多个超写实虚拟人。AYAYI 单个虚拟人便造就了现象级的 IP 打造案例，据燃麦科技相关负责人介绍，从 2022 年中旬开始，AYAYI 累计接触品牌已超过 500 家，合作的顶级品牌包括保时捷、Prada、雅阁、MAC、欧莱雅、LV、人头马等，极具商业价值。因此，燃麦科技成功获得数千万元人民币的融资。

次世文化成立于 2016 年，其所生产的明星数字分身包括明星迪丽热巴的虚拟形象"迪丽冷巴"，黄子韬的虚拟形象"韬斯曼"，以及与欧阳娜娜共同开发的虚拟乐队"NAND"等。超写实虚拟人包括国潮虚拟 KOL 翎_Ling，国风元气少女南梦夏，以及爱奇艺德漾工作室旗下的虚拟男模"ASK"等；品牌衍生虚拟人则包括 IDO 珠宝品牌虚拟人 Beco，花西子品牌虚拟代言人花西子，以及伊利金典品牌形象典典子。

影眸科技（上海）有限公司成功获得数千万元人民币的融资，该公司推出的 AI 画板二次元生成器已经有百万余名用户，用户可以用简单的色块笔触生成二次元虚拟形象，并且用视频驱动自己绘制的形象。该公司自主研发 Light Field Stage 硬件设备，进行数字面孔重建服务。同时还提供 AI 换脸、智能打光套件等服务。基于影眸科技不断扩展的资产库和 AI 图形算法，用户仅用几张自拍照就可以生成属于自己的三维虚拟形象，并实现各类风格化。

杭州心识宇宙科技有限公司也于 2022 年中旬完成了数千万元

人民币的天使轮融资。心识宇宙的核心竞争力在于制作人性化的 AI 虚拟人。公司所提出的心识框架，结合了感知、认知等属于人的基本能力，极大地提升了用户体验，甚至可以像人一样做宏观的思考。虚拟人不仅可以做聊天机器人，还能根据环境信息、记忆信息来参与更丰富的交互场景。其中逻辑思维和记忆能力的提升，使得心识宇宙所打造的 AI 虚拟人与人的交流更深入，这有别于基于大数据训练的人工智能虚拟人。

2.3　第三大类：服务型虚拟人

服务型虚拟人是具有"头脑"的，拥有一定专业知识的。大部分服务型虚拟人是利用 AI 底层技术，构建知识的逻辑框架，在一定的程序和范围内替代人力，从而提升人类工作生活产能和效率的虚拟人。

百度董事长李彦宏曾表示，未来在旅游咨询、医疗健康、移动通信等领域，虚拟人都将大显身手。对每个用户来说，虚拟人都是私人定制并且终身服务的。他们不会忘记任何事情，只会越来越聪明。未来，每个人都会有一个甚至多个专属的虚拟人为你服务。"相信这个时代很快就会到来。"[①]

如表 2-2 所示，根据不同的应用场景，虚拟人服务的内容可分解到生活中的方方面面。

---

① 相关资料或详细数据可参阅金融界 2019 年 7 月 3 日发表的文章《中企动力：百度与浦发银行联合培养"数字人"：年内将正式上岗》。

表2-2 虚拟人应用场景分类

分类	应用场景	虚拟人身份
金融	客户接待	虚拟客服
	理财投资	虚拟理财顾问
文旅	虚拟博物馆/科技馆	虚拟导游
	虚拟主题乐园	
	虚拟名胜古迹	虚拟讲解员
教育	虚拟场景教育	虚拟老师/学生
医疗	心理咨询	虚拟心理医生
	家庭陪护	虚拟陪护/家庭医生
零售	无人商店/虚拟商店	虚拟导购
传媒	节目录制	虚拟主持

虚拟主持

与内容型（IP型）虚拟人中的虚拟主播不同，服务型虚拟主持更偏向于新闻类的播报，利用语音合成、语意理解、图像处理、机器翻译等人工智能技术，实现多语言新闻播报，并支持从文本到视频的自动输出。现在市面上以科大讯飞提供的服务型虚拟主播相对成熟。两会期间，虚拟主播小晴走上了"人民智播报"，成功担负起为大众播报两会消息的重任。

科大讯飞还联合中央广播电视总台在第二届"一带一路"高峰论坛推出《A.I.记者"通通"游世界》，由虚拟主持通通带领观众游历一带一路沿途的风土人情，见证一带一路带来的改变和发展。虚拟主持的出现，可以辅助真人主持完成新闻播报，提高主持人和记者的工作效率，拓展新闻报道的新思路。当下媒体和A.I.融合发展进程加快，未来新闻播报、主持、二次元虚拟主播都会有交叉，服务型虚拟主持也会具备更多技能。然而实现其商用价值还有一段相当长的路要走，需要进一步探索更多的场景，更广阔的路径，更深度的体验。

2021 年 10 月，国家广播电视总局发布的《广播电视和网络视听"十四五"科技发展规划》中就指出："面向新闻、综艺、体育、财经、气象等电视节目研究虚拟形象合成技术，包括 2D 虚拟形象的合成、3D 虚拟形象的驱动、虚拟引擎构建、语音驱动、动作捕捉、面部表情捕捉等技术，提升节目制作效率及质量。同时探索短视频主播、数字网红、直播带货等虚拟形象在节目互动环节中的应用，增加个性化和趣味性。"[①]对虚拟主持在影视宣传中的应用提出更高的要求。

小晴

综合指数★★★

智能指数★★★

活动数量★★

● 虚拟人身份：虚拟主持人

● 制作公司：科大讯飞股份有限公司

● 实际情况：小晴是科大讯飞公司的当家花旦，她形象高雅大方，可以使用 30 多种语言进行无间断播报。她的背后运用了科大讯飞最新的 AI 虚拟形象技术，结合了语音识别、语义理解、语

---

① 相关资料或详细数据可参阅中国国家科技司 2021 年 8 月发表的《广播电视和网络视听"十四五"科技发展规划》。

音合成、虚拟形象驱动等 AI 核心技术。两会期间，小晴还为大众播报两会消息。

虚拟航天员/记者 小诤

综合指数★★

智能指数★★

活动数量★★

● 虚拟人身份：虚拟记者

● 制作公司：新华社、腾讯

● 实际情况：在神州十二号成功发射后，2021 年 6 月 20 日，专门面向航天主题和场景研发的虚拟航天员、虚拟记者"小诤"亮相，带用户漫游三大空间站，承担起载人航天工程、探月工程等国家重大航天项目的"现场报道"任务。此外，小诤将担任首届中国算力大会虚拟推荐官。据悉，小诤的真实度能够对标海外头部 3A 游戏的人脸真实度。而仅仅是脸上，就"种了"10 万根面部汗毛。

▌虚拟员工

小浦

综合指数★★★

智能指数★★★

活动数量★★

● 虚拟人身份：虚拟员工

● 制作公司：浦发银行、百度智能云

● 实际情况：2019 年 12 月，浦发银行虚拟员工"小浦"上岗，小浦"入职"之后在浦发银行的部分网点进行轮岗，出现在浦发银行 APP、网银及各类移动终端，专注于提供评估、财务顾问、投资建议、新闻播报等功能。未来还期望融入智能家居中。

万科虚拟员工崔筱盼

综合指数★★

智能指数★★

活动数量★★

● 虚拟人身份：虚拟员工

● 制作公司：北京红棉小冰科技有限公司、万科企业股份有限公司

● 实际情况：崔筱盼是 2021 年 2 月"入职"万科财务部的虚拟员工。她在万科内部有工号、有编制，还可以通过邮件及内部系统与各部门同事和客户联系。整个 2021 年，崔筱盼催办的预计应收逾期单据核销率高达 91.44%。

虚拟员工 Hong

综合指数★★

智能指数★★★

活动数量★★

● 虚拟人身份：虚拟员工

● 制作公司：红杉资本

● 实际情况：虚拟员工 Hong 穿着带有红杉 Logo 的深绿色 T 恤，留着一头耀眼的灰紫色短发，显得异常干练。她对医疗、消费领域都有关注，可以在一秒钟内阅读上百份商业计划书，并按照行业属性、融资阶段做出信息提炼和总结，还可以为创始人建立个人档案，实时追踪他们的个人发展情况。她的薪酬则是象征性的每小时 0.68 元。

虚拟员工小信

综合指数★★

智能指数★★

活动数量★

● 虚拟人身份：虚拟员工

● 制作公司：中信金融控股有限公司

● 实际情况：中信金控在 2022 年世界人工智能大会上，正式发布了虚拟员工"小信"，其定位是国内首个虚拟人财富顾问，搭载了行业先进的智能建模、智能人像驱动、智能对话引擎等 AI 能力，以及全栈式系统平台，建立了"超脑"知识库 AI 模型，可提供银行、证券、信托、保险等综合金融服务。她运用了精细的 3D

建模技术，资产模型超过百万面，预置几十套模型动作资产，支持更好地交互和适应多变的应用场景。[①]

▌虚拟助手

虚拟助手度晓晓

综合指数★★★

智能指数★★★

活动数量★★★

● 虚拟人身份：陪伴型虚拟助理

● 制作公司：百度

● 实际情况：百度于 2020 年 9 月推出国内首个可交互的虚拟助手度晓晓，能够支持智能互动，包括 AI 陪聊、订外卖、讲故事、写作绘画等。2022 年 6 月，度晓晓变身为 AI 唱作人，与龚俊数字人联袂出演的《每分每秒每天》歌曲，播放量超过 1300 多万次。

▌虚拟医护

虚拟医护助理小睿

综合指数★★

智能指数★★

活动数量★

---

① 相关资料或详细数据可参阅《国际金融报》2022 年 9 月 3 日发表的文章《金融机构心中的"元宇宙"|聚焦 2022 世界人工智能大会》。

- 虚拟人身份：虚拟医护

- 制作公司：鹏城实验室、哈尔滨工业大学

- 实际情况：2020 年 2 月，虚拟医护助理"小睿"正式上线，为公众提供新冠肺炎的相关防护知识。在诊前环节，"小睿"能够智能协助医护人员对患者进行症状和流行病史问诊，给出医疗保健或符合诊疗指南的临床建议。而在"诊后随访"的环节，"小睿"可以结合 AI 辅助诊断系统，更好地为医生提供完整的病例信息。

受关注的新赛道：虚拟医生助手

从 19 世纪 80 年代虚拟人最早应用于医疗行业，到如今许多国家的医院已经有将虚拟人应用于医疗研究的经验：科研人员通过 CT 等影像技术拍了数千张片子，对真人进行虚拟解剖，把收集的数据输入计算机后，创建出"医疗虚拟人"。虚拟人与虚拟现实技术可应用于培训医生，例如模拟手术教学。对于外科医生来说，可以在进入手术室之前，在虚拟现实的世界中对每一个步骤进行练习，从而提高准确率。同时，虚拟人和虚拟现实也可以让病人更好地了解病情。以斯坦福大学医学院为例，如今有 400 余名神经外科患者在手术前已经在虚拟现实中观察了他们的手术将会如何进行。[①]

另外，医用 AI 虚拟助手可以吸收和分析患者的大数据，包括

[①] 相关资料或详细数据可参阅百度网 2022 年 5 月 17 日发表的文章《虚拟人在医疗保健模拟中的作用》。

患病史、图像、位置、医生评论和治疗过程，医生可以根据这些知识持续改善治疗。同时医用 AI 虚拟助手也可以提醒患者饮食、运动、服药，调节精神状态，回答常规问题，与患者进行交流。医用虚拟人可作为老年陪护的一个好选项，为老年人提供精神陪伴。

▌虚拟学生

班长小艾 Alice

综合指数★★★

智能指数★★

活动数量★★★

- 虚拟人身份：虚拟学生

- 制作公司：数字王国旗下虚谷未来科技有限公司

- 实际情况：班长小艾 Alice 是第一位深入少儿教育圈层的虚拟偶像，形象活泼可爱、阳光健康。其打造者数字王国虚谷未来科技旨在用前沿技术为少儿教育，尤其是在线阅读注入崭新力量。班长小艾 Alice 在淘宝天猫平台的直播中推荐少儿图书和少儿用品，同时更新微信视频号，内容涵盖天文、地理、文化、历史、艺术等门类。

华智冰

综合指数★★★

智能指数★★★

活动数量★★

● 虚拟人身份：虚拟学生

● 制作公司：小冰公司

● 实际情况：华智冰于 2021 年 6 月在北京正式亮相，并进入清华大学计算机科学与技术系知识工程实验室学习，华智冰具有超强的学习能力，可以作诗、作画、创作音乐，还具有一定的推理和情感交互的能力。其优秀的大脑源于悟道 2.0 模型，可以同时在几万个 CPU 上处理中英文、图片数据，所以华智冰有强大的反应能力和记忆力。

本章共介绍了三种虚拟人：

（1）身份型虚拟人：包含数字分身、虚拟名人分身和虚拟代言人；

（2）内容型（IP 型）虚拟人：包含虚拟歌姬或舞姬、虚拟网红和虚拟主播；

（3）服务型虚拟人：包含虚拟主持人、虚拟员工、虚拟助手、虚拟医护、虚拟导购、虚拟学生等。

身份型虚拟人具有明显的人设属性，为未来的虚拟世界提供以身份为核心的交互中介。现实世界中已存在对应的真人，人设和信息非人为设定。身份型虚拟人的外貌特征、基本人设、各类偏好、背景信息均参考真人的情况。身份型虚拟人可以为未来的虚拟化世界提供以真人为核心的交互中介，在增量市场创造新价值增长点，降低虚拟内容的制作门槛。

内容型（IP 型）虚拟人可以高度自定义，具有互动性：企业可以根据自己的需求和喜好创造相应的虚拟人，并在虚拟世界中让其与用户们进行互动。由于 IP 型虚拟人是基于人的情感而创造的，因此他们往往能够引发用户的情感共鸣，建立强烈的情感链接。这种情感链接有助于提高用户的忠诚度，促进品牌价值的提升。为了保持内容型（IP 型）虚拟人的吸引力和生命力，需要不断地为其注入新的创意和内容。这需要创意团队的支持和持续的运营投入。

服务型虚拟人能够提供服务并具备功能性，可以替代真人完成一些重复、烦琐、易出错的工作，为企业降本增效。在教育、文旅、医疗等领域，服务型虚拟人都有广泛的应用潜力。与真人相比，服务型虚拟人可以 24 小时全天候工作，可控性强、形象稳定，能有效避免人设"塌房"。虽然服务型虚拟人具有很多优势，但目前的技术成本仍然较高。设计一个虚拟人需要花费十几万甚至百万元，而内容运营和智能驱动更是需要每年百万级成本的持续性投入。

本章呈现的不同类型的虚拟人在形象风格、应用领域和技术维度等方面各有所不同，但他们都具有共同的特点：高度自定义和互动性，多样化形象类型，强烈的情感链接，持续的创意，以及巨大的商业价值潜力等。

第 3 章　未来：曙光初现

3.1　瓶颈：多元挑战

虚拟人产业面临着机遇，同时也面临着多元挑战，总结来说有以下六点。

1. 技术实现困难

虚拟人最新的发展需要四方面 AI 的技术来支撑，一是语音识别，即 AI 语音库，用来收集声音素材，通过机器学习来发展语音识别方面的 AI 功能。二是 3D 建模，由 2D 或 3D 素材快速拼接出形象，包括各个角度的特征。三是图像识别和动作捕捉技术。四是最难的一点，也就是数字人的"灵魂"——这完全取决于其背后的人工智能技术能否在现有水平上实现关键性的突破。

对于以上四点，前沿 AI 公司的科研人员是有共识的：3D 建模快速生成和 AI 驱动是目前虚拟人行业的两大技术难点①。只有实现虚拟人的快速生成，才能解决低成本大量复制和高频次内容产出两大问题。同时摆脱"中之人"局限性的束缚，虚拟人才能有普遍的商业价值。但高质量虚拟人的制作成本极高，制作周期

---

① 相关资料或详细数据可参阅《南方都市报》2022 年 10 月 24 日发表的文章《虚拟人"虚火旺"?驱动千亿赛道，技术、场景、内容缺一不可》。

也很长。据柳夜熙团队介绍，一条视频制作的费用是百万级，而一个月制作一条视频是最快的速度。

从技术上来讲，虽然国内虚拟人的语音库相对完善，但是生产 3D 素材及动作的游戏引擎等软件比较落后，无自研工具，都来自国外技术。需要从基础引擎方面、建模软件方面有更多创新，才能使虚拟人产业的基础更为坚实。

2. 缺乏人格化交互性

复旦大学胥正川教授在接受采访时曾提到："虚拟人所涵盖的技术包括 3D 建模、语音识别、图像识别、动作捕捉技术等，这些已经比较成熟。而数字人的思维、灵魂与人格来自人工智能技术，这是当下最难克服的技术障碍。[①]"在他看来，目前阶段虚拟人与现实世界的一般性交互已经可以实现，但仍显得比较僵化和生硬，缺乏人格特征，无法实现多领域的全面交互，症结在于通用人工智能技术目前仍然处于瓶颈期，而且这一状况将持续较长时间。

另外，胥正川教授认为，按照信息管理理论，人们对虚拟人技术的采纳基于其有用性和易用性。虚拟人的人性化交互就是它的有用性，目前这方面的发展不够成熟，初级乃至中级的交互已经具备，但带有人格特征的交互尚未形成。而在易用性方面，由于虚拟人技术的应用规模不够大，产生虚拟人的工具技术还不够成熟，建设和部署的成本不够低廉，导致其渗透率不够，也是其发展的瓶颈之一。

---

① 相关资料或详细数据可参阅复旦管院公众号 2022 年 7 月 26 日发表的文章《胥正川：虚拟人市场是个"慢熟"赛道》。

3. 内容不够新颖

虚拟人本质上是一个强 IP、强内容驱动型产品。但目前虚拟人公司更多是从产业内容布局、技术生产质量角度出发，缺乏优秀的内容人才加入。量子匠星创始人认为，做虚拟人不能"身体在做 Web 3.0，但大脑还在 Web 2.0"[①]，以文字为主的公众号和以视频为主的抖音需要不同的内容玩法，虚拟人作为一种新的内容形式，需要匹配新的玩法，而不是仅仅将带货主播、网红、新闻主播等虚拟人化，这并不符合虚拟人的内容价值。

内容玩家比如柳夜熙，将捉妖剧情和国风美妆内容融入异次元时空中，在元宇宙的框架下打造非同质化的内容和精致的场景，据其虚拟人说明，柳夜熙背后的制作团队从创意到策划有 140 余人，如此大的投入才能保证柳夜熙内容出产的高水准。

4. 概念大于商业价值

有专家认为，以目前的技术，虚拟带货主播只不过是另一种形式的智能客服，而大部分品牌则倾向于转化率更高、交互性更好的真人主播。虽然从品牌发展的角度，所有者愿意尝试利用虚拟人来吸引眼球，但相当一部分品牌与虚拟人的合作是噱头，"出道即巅峰"，而缺乏后续的持续运营。其中有两方面原因：一是虚拟人高昂的运营成本，让持续的内容产出变得困难；二是品牌缺乏对虚拟人的人设、性格和理念的深度打造。

---

① 相关资料或详细数据可参阅百度网 2022 年 9 月 19 日发表的文章《虚拟人四大难题：技术、产品、市场、"中之人"》。

虚拟人翎_Ling 发布小红书笔记，称某品牌口红"滋润不干"，而许多网友并不买账，戏称"虚拟人能知道口红干不干吗"，虚拟人的虚拟性让其在带货时与产品真实的内涵产生割裂感。可以说在吃、美妆和一些强交互的商品上，虚拟人不占优势，产品转化率与真人相比也不高，概念大于商业价值。

5. "中之人"的不确定性

人们想做出超越真人，没有翻车、解约，成本低而边际效益高，不会衰老、不会变丑的超级人类，这份愿景推动虚拟人应运而生。不少专家认为，AI 驱动是虚拟人的终极解决方案，但在短期内仍然很难企及。现有的虚拟人背后多是由"中之人"操控的。"中之人"源自日语，直译为"里面的人"或"背后的人"。在虚拟人领域，"中之人"指的是角色背后操作虚拟形象的人，通过表演声音、动作和表情来驱动虚拟形象的相应环节。"中之人"的不稳定性也会导致虚拟人的不稳定性。例如 A-SOUL 的"中之人"之争，就是由于粉丝对运营方压榨"中之人"产生了愤慨，导致 A-SOUL 的塌房。

运营方和"中之人"之间需要设立一种健康合理的合作机制，让虚拟人成为"中之人"展示个人才华、获取公平效益的途径，让"中之人"成为一个受到尊重的职业，会降低"中之人"的不稳定性，从而增加虚拟人的可靠性。

6. 监管难题

一个新兴行业的发展，必然会受到法律法规的相应规制。国内目前还没有出台专门的针对虚拟人的法律法规，以及行业监管政策。针对虚拟人市场仍然沿用早先监管游戏行业的法律法规来约束。当人们在虚拟人身上投入过多，寻找感情寄托，过度沉浸于虚拟世界时，也会带来一系列的社会伦理问题。同时，假如消费者购买虚拟人带货的产品后出了问题，应该找谁？谁是最终的责任者？虚拟人参与违法犯罪行为应该如何处罚，以及处罚谁？由此产生的外部性如何进行兼顾和平衡，这都有助于完善产业政策，完善法规框架。关于这些方面的问题，将在本书第三部分详述。

3.2　元宇宙与虚拟人产业链

元宇宙业态大致存在三个既独立又相互助力的层级：技术层，平台层，应用层。

头部业态为技术层。比如，像英伟达这样拥有庞大的算力与数据进行支撑的人工智能计算公司，此尖端业态为风险投资机构与产业投资，并且是最先行的业态。

腰部为平台层，比如像红人新经济企业天下秀数字科技集团开发的 3D 虚拟生活社区虹宇宙（Honnverse），已搭建起场景化元宇宙初始状态，成为一个去中心化的开放性平台，不断探索更加可靠的认证信任机制。

底层是元宇宙的入口行业，也就是应用层，包括虚拟人、虚拟场景、虚拟活动等产业。它代表着新时代生产力与生产关系的交互方式。Z 世代下，受技术和需求的双向驱动，虚拟人广泛应用在元宇宙新生态中，担任着信息制造、传递的责任，是元宇宙中建立基础点对点、点对面联系的新介质①。

国内开发企业在技术层、平台层和应用层的布局和发展较为均衡，虚拟人打通了从技术开发到落地的完整体系。基础层相关企业主要着力点在人工智能、动作捕捉、建模渲染及虚拟人的技术服务。其中科大讯飞、捷成股份、新华网、标贝科技、追一科技和小冰等专注人工智能，云舶科技深研动作捕捉，环球墨非、亿真科技、半人猫、叠镜数字、相芯科技及 Tatame 等聚焦建模渲染，数字王国、中科深智、魔珐科技和万像文化等致力于虚拟数字人的技术服务。

产业链平台层的主要任务是为虚拟人运营提供支持，重点内容包括虚拟人的外观设计、包装、宣传、落地和培养，相关企业有数字王国、上海禾念、乐华娱乐、动图宇宙、次世文化、创壹视频、虚拟影业、魔塔时空和世悦星承等。

产业链应用层则主要投放在游戏、直播、动画、影视、音乐及社交平台等方面的娱乐和营销。腾讯音乐、芒果超媒、奥飞娱乐和哔哩哔哩等公司将虚拟主播和虚拟偶像等应用于娱乐内容。蓝色光标、浙文互联、引力传媒、华扬联众和天下秀等公司推出的虚拟人着重于广告营销。中国移动、阿里巴巴、腾讯、百度、网易等企业发布的虚拟人则侧重于助力旗下相关公司参与元宇宙相关项目的系统拓展。

反观海外企业主要致力于基础层的建设及 AI 技术的开发。因对于基础层建设起步较早，海外企业综合实力强于国内企业。在

---

① 相关资料或详细数据可参阅天风证券 2022 年 1 月 20 日发表的《虚拟数字人行业深度研究：元宇宙的主角破圈而来》。

技术领域方面，有一部分海外企业如英特尔、微软、谷歌及 Meta 这类综合型企业提供全栈式的技术服务，也有少部分海外企业从细分领域切入，其中包括人工智能、渲染建模、VR/AR 的应用等。

在 AI 虚拟形象生成技术企业中，主要有 Soul-Machine、Oben 及 Loom.ai 等，提供个性化的人机交互系统，以强调拟人化情绪带来的商业价值的提升。在渲染建模方面，海外企业主要有 Epic Games、Unity 及 NVIDIA 等。其开发的引擎 Unreal Engine、Unity 及 NVIDIA Omniverse 提供了高效协同的 3D 实时模拟和协作的工具及平台。在 VR/AR 方面，主要有 Wave 和 Stageverse 这样的海外企业，使用 VR/AR 技术向用户提供虚拟服务的平台及应用程序。

3.3　协同效应：集成与突破

进入 5G 时代，设备成本的降低、传输速度的提升、深度学习等算法的优化等，让很多科幻场景成为现实。例如《头号玩家》中的"虚拟人"能够走进日常生活，在娱乐、文旅、教育等消费场景中发挥意想不到的价值：观看虚拟人线上线下演出、直播；不用去培训班上一对多课程，在家就可以实现一对一的"真人"教学；推动营销升级，消费者与虚拟人亲密互动；商家配备虚拟人客服为顾客解决问题，等等。

以下几个方面的协同发展，给虚拟人产业带来了新的突破。

1. 虚拟人背后的产业智能化浪潮

在 2021 年的中国国家《政府工作报告》中，除了连续第三年提到人工智能，还提出"智能+"这一关键词。人工智能被列入国家战略，说明 AI 技术与各行业结合的趋势越来越大。AI 原本围绕算法、硬件技术、数据等专业词汇，现在正成为赋能各个产业的一项基础技术，正在融入行业核心生产领域。利用 AI 为行业降低成本、提升效率，成为产业挖掘人工智能技术红利的一大目标。

虚拟人的诞生，在初萌阶段听起来像是科技噱头，但是隐含着重大未来科技的发展趋势和人机互动的发展方向。人机交互方式正在从 PC 时代的键盘鼠标，到目前移动终端、APP 的数字屏幕点击，以及加入更多的自然语音的交互（比如智能音箱、声控智能家居等）。未来 5G 和 6G 产业的蓬勃发展会催生一条崭新的科技赛道，会产生更多虚拟人与 VR/AR/MR、云端、大数据等领域的互通，成就引领世界经济发展的新范式。

2. 5G 赛道加速

未来 5G 网络技术将成为虚拟人及虚拟现实、增强现实产业基础的通信技术。全球运营商都在积极部署 5G，而 VR 产业和与之相关的虚拟人与虚拟场景都是 5G 发展所需求的重要结构性组合成分。为了良好地呈现虚拟现实内容中语音识别、视线追踪、手势感应等技术，需要 5G 甚或 6G 的大宽带和超低延时。相较于 4G 网络，5G 的网速会有近百倍的提升，尤其有利于 8K 及以上超高清内容的传输。快速的场景渲染功能大大提升了沉浸感。另外，5G 网络还推动 VR 视频采集设备的无线化，使得设备可以在大空间内自由移动。基于 5G 中网络切片和边缘计算两项关键技术，可以满足虚拟现实在诸多场景中的模型应用，并让运营商以低成本为用户提供服务。未来虚拟人和虚拟现实内容将在 5G 的催生下在各行业形成井喷式发展。

3. 现实世界局势的不稳定

前几年的新冠疫情引发了世界范围的动荡，各大公司纷纷裁员，学生停课，交通阻隔，人们被动地适应了长时间居家隔离、线上办公/学习、网络购物等与以往不同的生活工作模式。因此，线上社交、游戏、教育、文娱、购物等领域在新冠疫情期间得到了更广泛的应用。未来人们将更多地倾向于在虚拟空间解决实际问题，在现实生活中的接触将减少，而在虚拟世界里畅游交互的形态将增加。虚拟人和虚拟场景的多样化将极大丰富人们的日常生活选择，而持续更迭的 AI 技术与机器学习将赋予虚拟人更多超出一般想象的能力。

许多人对"AI 最终将取代人类"深信不疑，科幻片中机器人毁灭人类的桥段层出不穷，越来越多的人开始渲染机器人取代人类的论调。数据化、智能化的发展的确赋予了 AI 产品更多的智慧，但未来 AI 是否真的会发展成为让人恐惧的智能生物？

事实上，AI 永远是服务于人类的，未来人类与 AI 的关系将是一个持续发展和演变的过程。人类需要不断挖掘 AI 的潜力和拓展其边界，并采取合适的规制来确保 AI 的发展方向、内容、目的符合人类的共同性利益和价值。未来，虚拟人注定是人类的影子伙伴，其存在的意义，更多的是对人类生活服务的补充，与人类共生共存。人类和 AI 之间的深入互动，必将在技术、法律、伦理、文化和社会关系上产生深远影响，需要在全球意义上进行广泛的合作协商来解决问题，从而推动全球意识的共同觉醒，是全球一体化、统一性曙光初现。

3.4 Z 世代消费什么

《全球 Z 世代消费洞察报告 2024》显示，2024 年全球 Z 世代人口超 20 亿人，占全球人口总数的 25.2%，是全球人口最多的一代人。这一数据显示出了 Z 世代在全球消费市场中的巨大潜力。Z 世代具有全球化视野，对不同文化有着浓厚的兴趣，他们通过社交媒体渠道不断获取信息，并与他人连接。

中国泛 Z 世代群体的主要特征体现在普遍热衷于线上社交和分享，兴趣多元，富有个性，注重精神体验，追求时尚。Z 世代年轻人的兴趣点普遍分布在音乐（从听到唱到社交，从大众到细分）、电竞/游戏（从业余到专业）、短视频（从观看到创作）、爱豆（从膜拜到参与）、IP（从内容到品牌）等领域。言情、幻想、青春、恐怖、悬疑等作品，广受 Z 世代年轻人的喜爱。

在消费潜力方面，中国 Z 世代群体消费理念新颖，线上消费能力和意愿更高。根据《Z 世代消费力白皮书》[①]预测，19～23 岁在校 Z 世代年轻人中 35%有多种收入来源，可支配月收入为 3501 元，消费力强，敢赚敢花，与 X、Y 世代的理性消费形成鲜明对比。在消费偏好与动机上，以"社交、人设、悦己"为主。65%的 Z 世代希望与朋友有共同语言，找出共鸣，吸引同好，跟上圈内潮流。

同时 Z 世代年轻人愿意购买不同的产品来探索更符合自己的

---

① 相关资料或详细数据可参阅 2018 年 12 月 24 日由 Kantar 和腾讯社交广告共同发表的《Z 世代消费力白皮书》。

需求，打造专属人设，54%的Z世代年轻人表示"想要拥有最新的和未尝试过的体验"，38%的Z世代年轻人表示"相同产品，也会经常换不同的选择"，愿意尝鲜、尝新，对新鲜事物持开放态度，加上"不断更换选择"的消费动机，对一些产品来讲，可以考虑增加风格、款式、颜色等多种产品系列。

最后，消费变成Z世代年轻人最直接获得当下满足感与幸福感的方式，55%的Z世代年轻人认同花钱是为了开心和享受，31%的Z世代年轻人开始使用分期付款。相比"95前"，Z世代年轻人在更早的人生阶段拥有高端品牌，更早的获得感成为这一代人的追求。虚拟主播满足Z世代年轻人对"社交、人设、悦己"的三点需求，对想打入Z世代群体中的品牌来说，虚拟人是一个不可或缺的突破口。

3.5 产业引导与示范

在中华人民共和国国民经济和社会发展第十三个五年规划纲要（简称"十三五"规划）发布前，我国主要以发展元宇宙相关技术为主，开展移动智能终端软件、网络化计算平台和支撑软件、智能海量数据处理相关软件研发和产业化。组织实施搜索引擎、虚拟现实、云计算平台、数字版权等系统研发。

"十三五"期间，我国政策上支持元宇宙相关关键技术的研发与突破，加快了经济社会的数字化转型发展，为元宇宙技术和产业化发展奠定了良好基础。我国积极推进了第五代移动通信（5G）和超宽带关键技术研究，启动了5G商用，超前布局下一代互联网，全面向互联网协议第六版（IPv6）演进升级。我国重点突破大数据和云计算关键技术，自主可控操作系统、高端工业和大型管理软件、新兴领域人工智能技术等。

"十四五"期间，我国元宇宙产业化政策持续推进，在"十四五"规划中首次提及元宇宙一词，并且提出要进一步加强元宇宙底层核心技术基础能力的研发，推进深化感知交互的新型终端的研制和系统化的虚拟内容搭建，探索行业应用。表 3-1 展示了我国政府部门发布的主要元宇宙政策。

表 3-1　我国政府部门发布的主要元宇宙政策

时间	发布机构	政策	内容
2021 年 1 月	中华人民共和国工业和信息化部	《基础电子元器件产业发展行动计划（2021—2023 年）》	到 2023 年，优势产品竞争力进一步增强，产业链安全供应水平显著提升，面向智能终端、5G、工业互联网等重要行业，推动基础电子元器件实现突破，增强关键材料、设备仪器等供应链保障能力，提升产业链、供应链的现代化水平
2021 年 3 月	第十三届全国人民代表大会第四次会议	《中华人民共和国国民经济和社会发展第十四个五年规划和 2035 年远景目标纲要》	充分发挥海量数据和丰富应用场景的优势，促进数字技术与实体经济深度融合，赋能传统产业转型升级，催生新产业、新业态、新模式，壮大经济发展新引擎
2021 年 3 月	中华人民共和国商务部等 8 单位	《关于开展全国供应链创新与应用示范创建工作的通知》	贯彻新发展理念，以供给侧结构性改革为主线，将供应链思维融入经济发展全局，推动政府治理机制创新，促进供应链协同化、标准化、数字化、绿色化、全球化发展，着力构建产供销有机衔接和内外贸有效贯通的现代供应链体系，巩固提升全球供应链地位，推动经济高质量发展，为加快构建以国内大循环为主体、国内国际双循环相互促进的新发展格局提供有力支撑

时间	发布机构	政策	内容
2021 年 3 月	中华人民共和国工业和信息化部	《"双千兆"网络协同发展行动计划（2021—2023 年)》	用三年时间，基本建成全面覆盖城市地区和有条件乡镇的"双千兆"网络基础设施，实现固定和移动网络普遍具备"千兆到户"的能力。千兆光网和 5G 用户加快发展，用户体验持续提升。增强现实/虚拟现实（AR/VR）、超高清视频等高带宽应用进一步融入生产生活，典型行业千兆应用模式形成示范。千兆光网和 5G 的核心技术研发及产业竞争力保持国际先进水平，产业链供应链现代化水平稳步提升。"双千兆"网络安全保障能力显著增强
2021 年 5 月	中华人民共和国国家新闻出版署	《关于实施出版业科技与标准创新示范项目试点工作的通知》	聚焦 5G、大数据、云计算、人工智能、区块链、物联网、虚拟现实和增强现实等新一代信息技术，突出科技创新在推动出版业数字化转型升级、实现深度融合发展中的重要作用，通过推荐遴选、奖励扶持、推广应用、示范带动等方式，逐步推动一批重点科技项目，形成一批核心科技成果，培育一批骨干科技企业，培养一批优秀科技人才，持续提升出版业科技创新和成果转化能力，助力出版业高质量发展
2021 年 6 月	中华人民共和国工业和信息化部	《关于加快推动区块链技术应用和产业发展的指导意见》	到 2025 年，区块链产业综合实力达到世界先进水平，产业初具规模。区块链应用渗透到经济社会多个领域，在产品溯源、数据流通、供应链管理等领域培育一批知名产品，形成场景化示范应用。培育 3~5 家具有国际竞争力的骨干企业和一批创新引领型企业，打造 3~5 个区块链产业发展集聚区。区块链标准体系初步建立。形成支撑产业发展的专业人才队伍，区块链产业生态基本完善。区块链有效支撑制造强国、网络强国、数字中国战略，为推进国家治理体系和治理能力现代化发挥重要作用

（续表）

时间	发布机构	政策	内容
2021 年 12 月	中华人民共和国中央网络安全和信息化委员会	《"十四五"国家信息化规划》	数字基础设施体系更加完备。5G 网络普及应用，明确第六代移动通信（6G）技术愿景需求。北斗系统、卫星通信、网络商业应用不断拓展。IPv6 与 5G、工业互联网、车联网等领域融合创新发展，电网、铁路、公路、水运、民航、水利、物流等基础设施智能化水平不断提升。数据中心形成布局合理、绿色集约的一体化格局。以 5G、物联网、云计算、工业互联网等为代表的数字基础设施能力达到国际先进水平
2022 年 1 月	中国人民银行	《金融科技发展规划（2022—2025 年)》	搭建多元融通的服务渠道，以线下为基础，依托 5G 高带宽、低延时特性将增强现实（AR）、混合现实（MR）等视觉技术与银行场景深度融合，推动实体网点向多模态、沉浸式、交互型智慧网点升级；借助流动服务车、金融服务站等强化网点与周边社区生态交互，融合教育、医疗、交通、社保等金融需求，打造"多项服务只需跑一次"的社会性金融"触点"
2022 年 3 月	中华人民共和国国务院	《中华人民共和国国民经济和社会发展第十四个五年规划和 2035 年远景目标纲要》	到 2025 年，数字经济迈向全面扩展期，数字经济核心产业增加值占 GDP 的比重达到 10%，数字化创新引领发展能力大幅提升，智能化水平明显增强，数字技术与实体经济融合取得显著成效，数字经济治理体系更加完善，我国数字经济竞争力和影响力稳步提升
2022 年 11 月	中华人民共和国工业和信息化部工业文化发展中心，工业元宇宙协同发展组织	《工业元宇宙创新发展三年行动计划（2022—2025 年)》	力争通过三年的努力，以工业元宇宙的技术储备、标准研制、应用培育和生态构建为目标，通过创新能力提升等四项行动，实现三个 100：形成 100 个可复制的典型案例，为应用推广提供标准模板；打造 100 个工业元宇宙标杆应用，提供元宇宙在工业领域的高水准落地示范；建设 100 个赋能创新中心，并推动建设一批"工业元宇宙+垂直行业"的工业元宇宙开放平台

（续表）

时间	发布机构	政策	内容
2023年8月	中华人民共和国工业和信息化部等5单位	《元宇宙产业创新发展三年行动计划（2023—2025年）》	到2025年，元宇宙技术、产业、应用、治理等取得突破，成为数字经济重要增长极，产业规模壮大、布局合理、技术体系完善，产业技术基础支撑能力进一步夯实，综合实力达到世界先进水平。培育3~5家有全球影响力的生态型企业和一批专精特新中小企业，打造3~5个产业发展集聚区。工业元宇宙发展初见成效，打造一批典型应用，形成一批标杆产线、工厂、园区。元宇宙典型软硬件产品实现规模应用，在生活消费和公共服务等领域形成一批新业务、新模式、新业态

随着元宇宙产业的发展，我国多地推出了相关支持政策。从2022年1月以来，与元宇宙相关的政策被密集发布，截至2023年6月，据不完全统计，全国已经有15个省级单位（含直辖市）及23个市级单位发布了100余项明确支持元宇宙产业的政策。

宏观和微观虚拟世界产业政策的双重发力，促进了虚拟技术集成创新、商业模式创新和跨界融合创新综合效应的产生。尽管虚拟人的市场化还有许多瓶颈，产业链的上、中、下游的衔接，仍然需要多层次的相互支持和磨合。但人工智能、5G技术大数据模型相互渗透所溢出的协同效应正在显现出更深层次的正外部性。这使我们有充分的理由相信，我们期望的虚拟人世界正在一步一步友好地向我们靠近。

2022年11月，由OpenAI公司研发的一款人工智能聊天机器人程序ChatGPT（Chat Generative Pre-trained Transformer）一经发

布便大获成功，已经深入许多行业并协助从业者高效工作。ChatGPT 是人工智能技术驱动的自然语言处理工具，它能够基于在预训练阶段所见的模式和统计规律来生成回答，还能根据聊天的上下文进行互动，真正像人类一样来聊天交流，甚至能完成撰写邮件、视频脚本、文案，以及翻译、编代码、写论文等任务。

时隔一年半（2024 年 2 月），由 OpenAI 公司开发的另一款程序 Sora 横空出世，从此"望文生视（视频）"成为可能。视觉算法近年来的突破在普遍性、可提示性、生成质量和稳定性等方面均取得了进展，这预示着技术拐点的临近及爆款应用的涌现。特别是在 3D 资产生成和视频生成领域，由于扩散算法（一种数据处理方法）的成熟，相关领域受益匪浅。

ChatGPT 与 Sora 这种文字和图像的双重突破使得人们体会到人工智能的潜力。我们更有充分的信心在实现巨大人工智能跃迁的前提下展望未来，虚拟人将有如下发展。

普及度提升：随着技术的不断进步和消费者对虚拟内容需求的增加，虚拟人的普及度必将进一步提升，应用深度必将进一步增强。更多的企业和个人可能会选择使用虚拟人作为自己主体的代表形象，融汇于品牌推广、社交媒体互动、企业文化塑造、企业精神传播等方面。

个性化定制：未来，随着 AI 技术的发展，虚拟人将更加注重个性化定制。用户可以根据自己的喜好和需求，轻松地创建具有独特外貌、性格和声音的虚拟人，这将有助于提高虚拟人的个性化体验。

智能化交互：虚拟人将更加注重智能化交互能力的提升。通过深度学习和自然语言处理技术，虚拟人将能够更好地理解用户的意图和需求，从而提供更加智能化的交互服务。

多场景应用：随着虚拟现实、增强现实等技术的发展，虚拟人有望在更多场景得到应用。例如，在教育领域，虚拟人可以作为虚拟教师，提供个性化的学习辅导；在医疗领域，虚拟人可以作为虚拟护士或医生，提供医疗咨询和服务。

商业化探索：随着虚拟人市场的不断扩大，将有更多的企业投入虚拟人的开发和运营中。人工智能驱动的虚拟人产业逐渐呈现出高渗透率的趋势，但商业化的局限性也是显而易见的。人工智能在经济上与人类的一般劳动是一种互利。它在某些方面可能远远超过人类，但在某些方面可能永远也无法超过人类。因此，我们不能不在可能性和不可能性之间做出理性和现实的选择。在不可预测和不可解释性的边界内做出决策。无论如何，提升效率是商业化探索的重要目标。

第二部分

硬核技术缔造新视界

人类的进化史也是一部技术的变革史。人类因技术而进步，技术为我们带来了生命的拓展，生活的舒适和财富的增长，也成就了社会的繁荣。

"技术总是进行着这样一种循环，为解决老问题去采用新技术，新技术又引发新问题，新问题的解决又要付诸更新的技术。我们的不安就来自这种循环会无休止地进行下去的恐惧"。更确切地说，"技术在某种程度上一定是来自此前已有技术的新的组合"[①]。用这段话来描述当今虚拟技术的进化是再恰当不过的了。

虚拟人技术并非近年来才开始发展，早在十几年前，好莱坞的电影制作工业就已经广泛地使用了相关技术，如《本杰明·巴顿奇事》，其灵感出自马克·吐温（Mark Twain，1835—1910）的一句话："如果我们出生的时候就 80 岁，逐渐接近 18 岁，那么人生一定会更美好。"全片仅有 20%的角色由真人演出，其他部分皆以虚拟人技术绘制、雕塑，并最后合成倒转人生的故事。这是大导演大卫·芬奇（David Fincher）第一部没有以恐怖、悬疑、犯罪、暴力为主体的作品。在影片中，把男主角布拉德·皮特（Brad Pitt）的脸复制到一位小老头的身上，却让人看不出破绽，而使用计算机"拉皮"（指拉皮手术，又称面部提紧术）让女主角凯特·布兰切特（Cate Blanchett）重返 18 岁的惊人效果，将虚拟技术的奇幻效果展示得栩栩如生、淋漓尽致。

最近几年，随着元宇宙概念的兴起，辅以 3D 美术、动作捕捉技术、AI 聊天机器人等组合技术的突破，虚拟人已逐渐从大荧幕

---

① 这句话出自布莱恩·阿瑟的《技术的本质》（浙江人民出版社于 2014 年 4 月出版）。

上独特的技术，走入 PC、平板与手机等各种视觉多元化媒介。而另一项重要技术的关键性突破，则是即时渲染技术的提升，过去需要数小时才能输出几帧精细的虚拟人内容影像，现在可以做到"所见即所得"，即使 30f/s、60f/s 以上的速度都可以轻松实现，满足直播、短视频等各种进阶的即时互动应用场景的要求已不在话下。

从产业应用的视角来纵向剖析技术内核的结构，大致可以分成上游、中游、下游三部分。

上游——虚拟人关键技术主要是指脸部表情与身体四肢动作捕捉的核心技术。另外，还有以 AI 聊天机器人为基准的不同虚拟人的操作流程。这类技术的商业化路径主要是技术授权、供应商、生态系统（Ecosystem）的整合，也有些单一企业研发出自家独树一帜的系统技术作为产业竞争的护城河。

中游——虚拟人技术系统整合包含 3D 角色建模，整合上游的核心技术与游戏引擎而组成统一系统，技术输出主要包含 3D 虚拟人视觉呈现与动作捕捉整合的虚拟人软硬件系统。

下游——虚拟 IP 应用专注于虚拟人内容生成与角色塑造，以类似传统艺人经纪公司常用的方式推出虚拟 IP，透过虚拟人技术的综合运用，达成虚拟人线上/线下展演、直播、影片等内容输出，在这方面，虚拟人系统与影音系统的顺利对接是最重要的节点。

以上三部分的商业模式大相径庭，上游——关键技术开发的授权模式通常是收取核心技术的订阅费用，以月或年为单位提供技术支援，在过去竞争者较少、技术尚未普及前，收费相对昂贵，近年来，逐渐有国际大企业开放 SDK（Software Development Kit，软件开发工具包）或 API（Application Programming Interface，应用程序编程接口），提供低廉或免费的订阅方案，对这种价值实现模式冲击很大。中游——虚拟人技术系统整合通常会收取虚拟人系统制作的费用，其中包含 3D 角色建模与骨架绑定、动作捕捉系统串接等技术人力成本，辅以以月或年为单位的技术支持维护。下游——虚拟人 IP 应用则并不直接售出虚拟人 IP，而是培养其人气、声望，利用演出、广告代言、影音作品、衍生产品等方式营利，直播带货也包含在其中。

虚拟人产业的上、中、下游的进入门槛高低不一，所需的时间和金钱成本也有差异。上游的核心技术开发时间通常以年计，不仅需要高端的技术团队持续进行研发，而且要投入高成本训练专人进行资料收集，这个过程持久且昂贵，所以进入门槛是最高的。

中游的虚拟人系统整合则需要有一定规模的 3D 美术团队与游戏引擎团队协同参与。由于 3D 美术制作程序目前能够自动化的程度有限，制作过程需要大量的人工投入，所以中游的产业属于劳动密集型产业。如 2D 影像转 3D 模型这类研发成果需要借助于机器学习与深度学习的技术发展。而将后续的串接核心动作捕捉系统引进主流游戏引擎开发中，也需要许多跨领域人才与团队协力完成，因此中游的进入门槛中等偏高。

至于下游的虚拟人 IP 应用，则需要建设有内容创意的团队。但凡影片脚本、活动企划、每日/周更新等，都需要频繁且大量的新内容予以辅助。通过虚拟人的技术授权与系统整合，结合直播平台串流支援，以及搭建全息舞台配合演出等技术都可以生动地呈现虚拟人，这些技术的广泛应用使得虚拟 IP 运营的技术门槛相对较低，但当下大众追求极致影音体验与丰富内容，竞争也日渐激烈，通常需要由市场营销的团队协助内容部门来生成市场需要的内容，才能博得市场和流量的青睐。

随着技术的进步、直播串流的便利程度日益提高，市场上也出现了一些单一个人或小工作室，通过整合利用大公司的技术，研发出虚拟人的演播系统，串接进流行的影音直播平台，如 YouTube、Twitch 等，实现了过去需要庞大团队才能完成的任务。最有名的单一个人虚拟人创作者是目前在 Twitch 上有 90 万名以上粉丝的 CodeMiko，该创作者长期从事动画领域事务，熟悉 3D 建模与游戏引擎编程，他在个人直播中谈到自己自费购买全套动作捕捉设备，共花费 3 万美元，独自一人完成所有制作与"中之人"的操控演出。

2021 年 2 月，Epic Games 公司推出了 MetaHuman 技术，可以让非 3D 美术技术人员，轻松地制作出拟真人级别的虚拟人，并且可结合 Unreal 游戏引擎做进一步创作，完成即时动作捕捉渲染的输出。

相信在不久的将来，虚拟人产业的制作成本与进入门槛将会越来越低，推动相关技术、产品、服务变得越来越普及，并广泛应用在人们日常生活的方方面面。

第 4 章　上游——虚拟人关键技术

若想操控虚拟人进行即时展演，并在展演中进行互动问答，则必须要有虚拟人关键技术的支持，其重点在于真实人类（或人工智能）如何实现操控虚拟人的机制。该机制有两种类型的解决方案。一是真人脸部表情操控与身体四肢操控。提供这种类型解决方案的公司，通常推出的产品或服务包含 API、SDK、技术平台、套装软件、动作捕捉软硬件系统等，还未涉及 3D 美术视觉呈现与游戏引擎的系统整合。二是使用 AI 聊天机器人作为背后操控的核心，这需要串接语音辨识、自然语言分析、语音生成及对应表情与嘴形生成的一连串复杂系统才能完成，这也成为现在市场上的主流操控方式。

上游的关键技术成果对虚拟人的表情与肢体呈现效果影响最大。通常消费者会关注表情追踪、肢体动作的表现是否自然顺畅，这些都与下文所写的细节环环相扣。即使是制作良好的 3D 模型，若没有背后精准且即时的表情与肢体操控核心，多数情况下也不能满足消费者日益增长的需求。自身具有较高研发能力的公司，也可能会自行研发操控系统、专利等相关技术，构筑竞争壁垒，如数字王国的 Masquerade 2.0 系统即为一例，该系统被广泛应用在好莱坞的电影特效中，并屡获奥斯卡奖项。

本章会专注于以下几个方面：

● 通过真人脸部操控虚拟人技术的 SDK/API 授权；

● 通过真人身体操控虚拟人；

● 通过真人手部操控虚拟人；

● 通过输入 2D/3D 信息来操控虚拟人身体与手部；

● 通过智能聊天机器人操控虚拟人技术的 SDK/API 授权；

● 单一企业自家研发的技术护城河，广泛且横向地探讨既有虚拟人技术应用的多种可能性。

4.1 通过真人脸部操控虚拟人技术的 SDK/API 授权

虚拟人的脸部表情操控，通常运用 2D/3D 摄影机所获取的图像作为输入信息，利用深度学习技术辅以大量训练资料训练出预测模型，在输入用摄影机拍摄的真人脸部图像信息后，虚拟人会即时判断应输出哪种相对应的表情来呈现，进而达到即时操控脸部的效果。目前最广泛运用的是 iPhone X 之后的版本所支持的 Animoji 功能，该功能为 Apple ARKit 的 SDK 功能之一。ARKit 是 Apple 公司针对 AR 的使用场景所开发的 SDK，与 iPhone、iPad 等该公司的硬件产品一起，打造了 Apple 在 AR 方面的软硬件生态系统。ARKit Face Tracking 功能是通过 iPhone 前置镜头的 True Depth Camera 来捕捉 3D 信息的，并利用人工智能的方法计算出当下人脸最适合的微表情参数组。

人脸微表情在 3D 美术制作及游戏引擎中的专有名词为 Morph（变形）或 Blendshape（融合变形），译成中文可以统称为微表情。Morph 与 Blendshape 的意思类似，可以用 Blendshape 来统一替代。左右嘴角、眉毛、眼皮等不同脸部区域的移动皆可视为一个 Blendshape，Blendshape 参数中的 0 表示原始状态，1 表示最大状态。比如 Apple ARKit 中定义嘴巴垂直方向开合的 Blendshape 变量为 jawOpen，jawOpen = 0 时，嘴巴为闭合状态，jawOpen = 1 时，嘴巴为垂直方向开到最大的状态。一般来说，可检测的 Blendshape 数据越多，表情呈现越活灵活现，但检测算法的难度会随之加大，同时准确度也会受到影响，在多个不同的 Blendshape 数据对同一脸部区域操控时，也需考虑不同的 Blendshape 之间的交互关系，并不是一味地追求 Blendshape 参数越多越好，要综合考虑整体的表情效果。

Faceware 也是市场上许多使用者会采用的脸部表情追踪软件，来自一家美国投资者拥有的公司。公司主要研究非即时追踪技术，开发了可以逐帧定位脸部特征点与表情追踪的 Faceware Analyzer 软件，以及可提供即时 Blendshape 数据组的 Faceware Studio 软件。Faceware Analyzer 由于不是即时的，而是离线的脸部特征点与表情追踪软件，所以使用者可以在回放追踪影片效果期间确认脸部特征点等资料的准确性。若检测结果不如预期，则可以在后期手动进行调整优化。这一过程的输入为 2D 影像，输出为脸部特征点、头部转动及表情等数据组。现今环境下，机器学习与深度学习需要大量准确的资料以训练预测模型，这是一套比较适合制造 Training Data（测试数据）的软件系统。Faceware Studio 则类似于 Apple 的 ARKit 应用工具，可即时输出 Blendshape 数据组。与 ARKit 不同的是其输入为 2D 影像，而非 Apple ARKit 所需要的专业 3D 影像，所以不易受到硬件（指摄像头 Camera）的限制，便于我们自由地更换输入源。

动作捕捉演员通常需要头戴安全帽且辅以前悬吊臂的方式，来固定捕捉脸部表情设备（如 iPhone 或 2D Camera），这会造成动作捕捉演员在表演时头、颈部承受颇大的重量。若无法解决此设备的重量问题，演员很难进行长时间的演出，因为长时间的演出会损害身体健康。Faceware Studio 充分兼顾了市场上大部分 2D Camera 的优点，使得采用该软件系统的内容制作商可以选购相对轻便的 2D Camera，甚至可以选择无线的版本，尽可能地降低动作捕捉演员的负担。

Dynamixyz 是一家法国公司，其产品线与前面提到的 Faceware 类似，包含用于离线捕捉脸部动画的 Dynamixyz Performer 和用于即时输出脸部表情追踪数据的 Dynamixyz Live PRO 两个软件。Apple ARKit 与 Faceware Studio 仅需要简单校正就能马上开始输出即时脸部表情追踪数据。为了展现更精确的表情追踪效果，Dynamixyz Live PRO 增设了一个可选的预备项目，需要大量动作捕捉演员的前置训练资料。理论上，这会带来较好的输出结果，有助于用户端在前置准备时间与表情追踪准确度之间做出取舍。Dynamixyz 一样可以使用 2D 的 Camera 作为输入装置，其公司也有较为轻便的头戴装置产品，可以满足动作捕捉演员长时间佩戴的需求。

4.2 通过真人身体操控虚拟人

利用真人身体的活动来操控虚拟人的身体躯干与四肢，需要过硬的动作捕捉技术。下面介绍两个主流的动作捕捉系统：惯性动作捕捉服系统和光学动作捕捉摄影棚系统。

惯性动作捕捉服系统是利用特制的服装，将惯性陀螺仪传感器安置于身体四肢的重要节点，并即时感知各节点运动的状态，然后将其信息汇集到动作捕捉 PC 工作站，由软件系统辅助校正与分析，即可输出身体与四肢的动作捕捉数据组。它的优点是准确度比较高、携带方便，同时相较于光学动作捕捉摄影棚系统，惯性动作捕捉服系统不易受遮挡的影响，适合虚拟人团队携带至不同展示地点进行演出。它的缺点是容易受到磁场干扰，需对展演环境进行一定标准的控制。另外，它的价格选择范围较广但偏贵，通常动作捕捉准确度与价格成正比。

惯性动作捕捉服系统的引领者是荷兰恩斯赫德技术公司（Xsens Technologies），它的惯性动作捕捉服系统被业界誉为最好的综合解决方案，当然其购买成本也相当高。Xsens Technologies 的硬件系统由一套连身的莱卡材质紧身衣、分布在身体各重要关节处的十多个无线传感器及一台 Wi-Fi 路由器组成，需结合 Xsens MVN 软件来记录身高与四肢的相关数据，这些数据进行校正后，便可将无线传感器的信息传递到连接 Wi-Fi 路由器的计算机主机上。其中每个无线传感器内包含陀螺仪、加速度计及磁力仪，这些仪器能精准地计算出无线传感器三轴方向的移动数据。

Xsens Technologies 的系统支持多人多个动作捕捉服系统同时操作，由一台计算机主机接受动作捕捉服系统的指令，实践应用效果良好。需要注意的是，使用 Xsens Technologies 系统进行动作捕捉数据采集时，动作捕捉演员必须避免垂直方向的移动，比如向上跳跃。同时在长时间的动作捕捉后，时常会出现各传感器动作捕捉数据往同一方向漂移的现象，需要不时地进行回归零点（Zero Out）的程序调整，才能保证虚拟人在 3D 空间中处于同一个位置。

光学动作捕捉摄影棚则是另一种主流的动作捕捉系统，主要利用架在钢架上的数台高速红外线摄影机模组，包含可捕捉特殊波长区域的红外线拍摄器、发光器材及软件系统配置，并利用特制的服装，将数十个 Marker（标志）反光球安置于身体四肢的重要节点，同时使用红外线摄影机模组监测位置，然后将其信息汇集到动作捕捉 PC 工作站，最后输出身体躯干与四肢的动作捕捉数据组。

光学动作捕捉摄影棚的优点是准确度高、镜头模组足够多。在没有光学死角的情况下，可以稳定地收集高品质的动作捕捉数据，而且支持同时多人动作捕捉。因此这项技术常用于影视产业的 3D 动画制作环节。缺点是便携性不好，由于需要搭建摄影棚钢架，较难移动，因此场地、镜头设置成本高昂。

Vicon 是一家国际知名的光学动作捕捉系统研发公司，1984 年在英国牛津成立。它与许多电影特效、动画、游戏工作室合作，共同建立大型光学动作捕捉摄影棚。它的技术强项是生产高分辨率、高帧率的动作捕捉相机组，结合其独家的 Shōgun 软件系统，致力于打造世界最先进的光学动作捕捉摄影棚解决方案。

4.3　通过真人手部操控虚拟人

在虚拟人的即时操控与视觉呈现上，除精准的脸部与身体动作捕捉技术外，手部的动作捕捉技术也至关重要。对于虚拟人演出时配合内容的手势、指引及手语来说，其手指及手指相连处的视觉呈现最为精妙。手部动作捕捉手套系统与身体动作捕捉服系统异曲同工，其主要的技术理念也是在手指重要关节处安置传感器，以监测其位移。

与 Xsens Technologies 同样位于荷兰的 ManusVR 动作捕捉手套提供了手指关节处理方案，该手套仅需三个手势即可实现快速校准，实时输出操控虚拟人手部动态的信号。另外，在追踪手指动作捕捉的技术上，也有不同于陀螺仪与加速器的整合传感器，例如，Stretch（伸缩）就是一种新的传感器，新西兰的 StretchSense 公司便使用了这个传感器来制作动作捕捉手套系统，它的操控结果较为准确，但实时输出操控数据前需执行多种手势的校正程序。

一般来说，动作捕捉手套系统只捕捉手指关节处的动作捕捉数据，因此在实际使用中都会需要跟身体动作捕捉系统（包含光学与惯性的方案）进行数据的串联与同步。也有在操作者手背上安置 HTC Tracker 的方案，需按照实际使用情况进行系统整合。

4.4 通过输入 2D/3D 信息来操控虚拟人身体与手部

随着近期深度学习技术的进展和突破，有部分技术公司研发出可以直接利用 2D/3D 图像信息来分析身体动作捕捉数据的技术，它的优点在于不需要在操作者身上配置额外的传感器与 Marker（标志），缺点则是目前技术仍不稳定，其准确度相较于惯性动作捕捉服系统与光学动作捕捉摄影棚系统来说较低，但从技术发展趋势看，相信这项技术的准确度会逐步提高。笔者认为，在便携性与易用性的极大优势下，若非需要高精准度的影视 3D 动画，直接用深度学习的 2D/3D 图像来分析动作捕捉数据的技术将成为主流。

许多国际大公司已布局此技术的研发并发布其成果，如 Apple ARKit 和 NVIDIA Maxine AR SDK 就是此技术的最新研发成果。需要特别注意的是，通常这些国际大公司发布的技术大多会绑定其软硬件系统，如 Apple ARKit 需要 iPhone 及 Mac 的硬件支持；而 NVIDIA Maxine AR SDK 只能运行于搭载 NVIDIA 显示卡的计算机主机上。

4.5 通过智能聊天机器人操控虚拟人技术的 SDK/API 授权

这项技术主要以语音资料作为输入，通常可使用麦克风来收集真人声音，也可以结合 AI 语音生成技术制造语音信息，并同样利用深度学习的预测模型来判断当下的声音信息，以达到用嘴形或情绪即时操控脸部的目的。AI 语音生成技术的前端通常可衔接基于文字的 AI 聊天机器人，如此即可实现 AI 自动生成互动文字，并将文字转成声音信息，最后实现以声音信息为输入，虚拟人的嘴形与表情视觉呈现为输出的完整通路。

关于 AI 聊天机器人的技术实现，语音识别、自然语言生成等技术并不是构建虚拟人技术的关键，市场上的 Apple Siri、Google Home 和 Amazon Alexa 等语音辅助产品仅是具体实现此技术的软硬件系统整合的结果，不胜枚举。语音辅助产品的软件可以被视为在此基础上实现虚拟人美好呈现的锦上添花。而对虚拟人来说，最关键的技术即 Lip Synchronization（嘴唇同步性），简称为 LipSync。相较于以脸部 2D/3D 影像作为输入，Blendshape 数据组作为输出的方式，LipSync 则是以语音信息作为输入，嘴部周围的 Blendshape 数据组作为输出的技术新模式。这种以语音信息输入为前提的模式，通常比较难以输出带有情绪的嘴形，更不用说眉形与眼睛动态，所以一般会利用预设的表情标签，让虚拟人在有语音及相应口形输出的同时，也能保持愉悦微笑、疑惑等表情状态。更先进的做法是，分析输出语音文本的情绪，在实现更智能化的虚拟人情绪的基础上，增加语音驱动的嘴形能够互动的整体视觉形象。国际大公司 Meta Oculus 已发布 API，供游戏引擎的程式端进行系统整合。另外，NVIDIA 公司新开发了 Omniverse 平台，便于众多 3D 美术与游戏引擎专业人士交互协作。Omniverse 平台中也有 Audio2Face 的 LipSync 模组，其深度学习模型接收的输入信息除语音外，还有额外输入的情绪数据，这使得语音与情绪的混合 Blendshape 数据表现得更加自然。

4.6 单一企业自家研发的技术护城河

由于操控虚拟人的脸部表情技术在电影特效行业尤其重要，渲染高精细度的即时影像输出，有助于拍摄现场的演员、导演等更及时地了解拍摄剧情当下虚拟角色的脸部表情变化，而不需等到繁复且耗时的传统渲染方式输出非即时影像时才能够预览。因此，即时操控、渲染产生的虚拟人影像成为电影特效业的一大利器。一旦即时渲染虚拟人影像成为现实，强调即时互动的舞台表演、直播间等应用场景就可以依靠这项技术将精致的视觉带到电影院以外的使用场景及更多的商务应用中。数字王国的 Masquerade 2.0 系统即为一例，该系统已经广泛地使用在电影特效中，包含电影《复仇者联盟》中的灭霸（Thanos）、《莫比乌斯》中两位主要角色的吸血鬼形象。另外，复活美国已故著名橄榄球教练文斯·隆巴迪（Vince Lombardi，1913—1970）（超级碗比赛的奖杯就是以其名字命名的），以及复活马丁·路德·金博士（Martin Luther King，Jr，1929—1968）等商务应用中都体现了精湛的技术整合力和好莱坞电影等级的视觉呈现。

上游关键技术的研发是耗时长、考验资本耐心和技术耐力的系统工程。在投资方面，虚拟人上游关键技术授权是否适合一般公司投入资源，笔者持相对谨慎的态度，主要有三个方面的原因。

1. 研发成本高昂

在当今深度学习蓬勃发展之际，各领域都争相抢夺深度学习技术人才以投入研发，虚拟人关键技术的研发同样需要投入大量顶尖研发人力，还需要有良好的机制来收集大量深度学习模型训练所需的训练资料，相对费时。由于研发项目大多为挑战人类现有的知识边界，很难保证投入高昂的成本后，一定能产出品质优良的算法或系统，很有可能最后的研发成果并不优于先行的国际科技企业提供的既有方案。

2. 企业免费模式

为了配合公司自家产品、服务与愿景，很多大公司如 Apple 建立了 App Store 软件生态圈，推出了 iPhone True Depth 前置深度摄影机及 AR 眼镜等硬件，NVIDIA 公司推出了高阶显卡，Meta 配合公司的元宇宙愿景推出了 Oculus VR 硬件等，这些国际大公司都愿意投入大量资金，吸引全球最优秀的人才加入团队来研发动作捕捉核心技术，最后以免费或低廉的价格对外开放其研发成果。在这方面，初创公司往往难以匹敌，双方资源与人才之间的差距决定了后来者必须承担巨大的投资风险，除非有原创颠覆性的发现。

3. 考量市场需求

由于虚拟人与传统的影视级别 3D 动画电影中的人物不同，观众关注的点不一定是技术方面（如动作捕捉的准确度），因为技术上的投入往往不如绝佳的内容创意或营销宣传等更吸引观众。

综合以上三个原因,若非企业自身有庞大的资金、愿景、相关产品生态系统,或是持有独特的技术专利,笔者建议,在关键技术方向的研发投入上,投资者需要谨慎地控制运营成本和沉没成本。

第 5 章　中游——虚拟人系统整合

在介绍完虚拟人关键技术——脸部表情与身体四肢动作捕捉的核心技术后，本章将重点介绍如何将上述这些关键技术，结合 3D 美术资产与游戏引擎，制作出系统整合后的虚拟人产品和服务。其中，会有较多篇幅说明虚拟人的 3D 美术资产是如何一步步完成的，也将介绍好莱坞电影特效级别的人脸 3D 模型扫描系统——USC ICT Light Stage。

企业在进行虚拟人的系统整合时，会根据客户的需求与预算，负责关键技术选定及 3D 角色建模，并将这两项任务整合进游戏引擎中，以实现即时操控并渲染虚拟人展演内容。所以制作团队主要的人员配置通常由 3D 美术师与游戏引擎工程师组成。根据虚拟人的操控方式，其系统整合可分成两大类：一类基于 AI 聊天机器人操控；另一类基于真人操控。这两类各有各的使用情景与优/劣势。

5.1　2D Concept 设定与绘制

绝大多数 IP 角色建立的第一步是给予该角色丰富的世界观、人设等背景设定。世界观至关重要，需要包含时间和地点，不同年代会有不同的宇宙观、人生观与价值观，可能涉及古代、现代和未来，所在地域、种族、肤色也会影响 IP 角色的内涵。居住地是在哪个洲、哪个国家、哪个城市，甚至星球、星系、次元等，都是需要考虑的世界观方向。

人设通常可以从姓名、性别、年龄、个性、生日、星座、血型、身高、体重、外貌特征、职业、专长、兴趣、座右铭、喜欢与不喜欢的事物、喜欢与不喜欢的食物、人种，甚至物种，是否为生物等多个维度来勾勒出一个角色的灵魂与"人设"。

综合世界观与人设，以及适合虚拟人出现的风格（包含 2D 卡通、3D 拟真、3D 真人等不同风格），即可逐步设计出角色 2D Concept（2D 概念图）静态外观，包含发型、脸部、身材等，可以依照上述的人设来制定，当然也可以制造反差的效果。另外，通常也会在这个阶段设计服装、装饰品、道具、随行物等，其中随行物可能为守护神、精灵、守护兽、机器人等。因为随行物的设计过程可能也是另一个角色 IP 设计的过程，因此暂不展开讨论。

在 IP 角色 2D Concept 静态外观的三视图（正视图、俯视图和侧视图）设计完成后，在进入下一个环节——3D 资产制作前，还需要经过一个动态外观的设计，包含头发飘动的方式、脸部表情、四肢运动程度等，特别是脸部表情的喜、怒、哀、乐等变化，将会在脸部 Blendshape 雕塑部分（见 5.3 节）展开介绍。服饰、道具与随行物等也会有相应的静、动态呈现，如衣服布料的材质设定、道具装卸、随行物运动轨迹等。

由于上述 2D Concept 的设计过程大多为文字、2D 图像上的信息沟通与确定，因此相较于较为耗时的 3D 资产制作环节，它可以有效地沟通并迭代信息。在进入 3D 资产制作前，需要经过客户、制作人、2D Concept Artist（2D 绘图师）及技术团队代表等核心人物充分讨论与构思以达成共识。2D Concept 设定相当于建造大楼前的蓝图设计，3D 资产制作相当于按照蓝图建造大楼，在现实中常常会出现 3D 资产制作完成后，客户或制作人认为需要调整 2D Concept，导致大量返工的情况，所以为了交付期限与制作成本的管理，我们需要确保 2D Concept 的设计环节完整且缜密。

5.2　高、低模 3D Model 雕塑与材质绘制

所谓高模与低模，指的是 3D 模型的三角或四角面数，无论多复杂的 3D 模型，都是由许多小小的三角面或四角面组合而成的。一般来说，低模是指对面数有上限控制（低于 10 万面）的 3D 模型，常用于 2D 动漫风格化或造型相对比较简单的角色；高模是指面数高达数十万甚至数百万且没有上限的 3D 模型，常用于拟真或真人等级的虚拟人。

在完成 2D Concept 设计与绘制后，3D 模型师就可以依照已有的规划按图索骥地开始建模。在开始介绍虚拟人建模之前，首先介绍软件工具，Maya（玛雅）、3ds Max 和 Blender 都有各自的拥护者，Maya 以动画见长，可扩展性与跨平台支持性俱佳；3ds Max 十分适合静态建模，上手快、插件丰富；Blender 是唯一一款零成本开源软件，功能全面。单就虚拟人制作与技术来说，由于后续有大量动画处理的需求，包括即时渲染的动画输出，笔者倾向于使用 Maya，当然最终选择取决于 3D 建模师的专业使用习惯及团队共识。此外，若真人级别的虚拟人模型需要有很多皱纹、毛孔

等高模细节，则 ZBrush 无疑是用于高模制作的最佳选择。

现阶段各企业制作 3D 虚拟人静态模型的方式大同小异，都是以 PBR（Physically Based Render，物理基础渲染）次世代的 3D 模型制作流程为主的。与同类型 3D 制作相比，PBR 是更加先进的制作流程，它运用大量的贴图（包含法线贴图、AO（Ambient Occlusion，环境遮挡）贴图、高光贴图等）来达到模型面数与视觉品质的平衡，是一种崭新的制作方式。

2D Concept 的设计与绘制过程是，先通过 3ds Max 或 Maya 制作中模，并确认虚拟人 3D 模型的尺寸比例，再由 ZBrush 进行高模雕刻，最后通过 Maya 拓扑低模和进行 UV 拆分（将 2D 贴图图像投影至 3D 模型表面，以进行贴图纹理映射的过程）来帮助贴图作业。

烘焙法线贴图的技术是将 3D 高模的细节制作成 2D 法线贴图后，贴到相对低模的 3D 模型上。之所以使用烘焙法线贴图，是因为计算机和手机在运行 3D 图像软件时，若 3D 模型具有较高的面数，则会造成电子设备性能负担过重。由于 3D 高模产生的法线贴图本身是 2D 的，当其贴在低模上时，可以经由光线的变化与计算产生类似于高模的细节呈现，从而降低性能，因此使用这种方式进行细节模拟后，在模型面数与视觉品质上可以达到一个较平衡的效果。

3D 模型在未整合 2D 贴图前为一素模，该素模可以被视为由数万个三角面所围成的一个立体空间，其中的每一个三角面都需要覆盖有适合的颜色、材质、纹理、反光程度等偏 2D 的贴图信息，此时便可以用 Adobe Photoshop 或 Substance 3D Painter 软件绘制出材质的高精度贴图来适配 UV 拆分，通常会强调材质的纹理、痕迹、孔洞等细节以达到逼真的视觉效果。其中制作服装纹理与模拟程序也常会使用到 Marvelous Designer 软件。

虚拟人的发型也是 3D 建模与选择材质阶段重要的环节之一，很多 3D 建模师会使用 Maya XGen 软件进行制作。由于要避免在游戏引擎即时渲染阶段的头发与身体其他部位穿插的情况发生，建议客户、制作人与 2D Concept Artist 在设计发长时尽量不要超过虚拟人的肩膀与脸庞，以避免刘海、发尾与脸部穿插的情况发生。

5.3 脸部 Blendshape 雕塑、蒙皮与骨架设置

完成 3D 建模后，在 2D 贴图的精修阶段，就可以同步制作脸部 Blendshape 雕塑、蒙皮与骨架设置等与动画动态相关的环节。脸部 Blendshape 的详细定义可以参考 2.1.1 节的内容，可以先简单将其视为脸上各部分的微表情组合。

在说明脸部 Blendshape 雕塑程序前，需要先了解 FACS(Facial Action Coding System，面部行动编程系统)。FACS 是由保罗·艾克曼 (Paul Ekman) 与卫理·弗瑞生 (Wally Friesen) 等学者于 1978 年制定的一组系统化的人类脸部表情标准，主要用于心理学、解剖学等领域。该系统所指定的 AU（Action Units，运动组件），即人类脸部 42 块肌肉相互牵引、联系或独立运动的单元，可定义所有人脸表情的组合。如今 FACS 系统已经广泛地应用在 3D 人脸表情建模、人脸表情监测、识别技术等领域。

脸部 Blendshape 雕塑虽说是基于 FACS 制作的，但操作实际案例时也需要由客户、制作人、2D Concept Artist 等核心团队成员详细定义参数，以避免与客户的需求有偏差。由于脸部 Blendshape 在即时操控时对 3D 角色的人物性格、气质影响很大，所以 2D Concept 设定越清楚，越可确保不会有意外的表情视觉出现。

虽然人脸的表情千变万化，但在实际操作时，使用有限数量的脸部 Blendshape，就可以呈现各种人脸微表情组合。Blendshape 在 FACS 系统上建立和发展，一个 AU（Action Units，运动组件）将需要一个或多个 Blendshape 来呈现。从理论上说，脸部 Blendshape 的数量越多，脸部表情的呈现越丰富。

在好莱坞电影的制作上，为一个 3D 虚拟角色制作上百个 Blendshape 都是屡见不鲜的。然而，相较于可能花大量时间由动画师后期修改的 CG 电影后期制作，即时操控虚拟人的应用必须考虑即时渲染效能、表情追踪准确度、不同 Blendshape 之间的相互影响等因素。除非有特别的需求，否则通常会将脸部 Blendshape 表情追踪数量与 3D 雕塑数量均限制在 40～80 个之间，如目前业界很多人使用的 Apple ARKit 软件的脸部 Blendshape 数据输出数量为 52 个。特别需要注意的是，除了人脸皮肤区域，还有眉毛、眼珠、胡子、口腔内部（包括牙齿与舌头），都是由 Blendshape 所操控而进行运动的。

另外，虚拟人身体躯干和四肢部位的制作逻辑与脸部的制作不太一样，前者由骨骼搭建、蒙皮与刷权重这三个主要流程构成。

建模完成后的 3D 模型可以被视为由数万个三角面所围成的一个立体空间，要让这具 3D 模型动起来，从直观上说，我们需要在其内部架设骨架。如同人类、动物，身体与四肢部位的运动主要是由骨关节牵动的。根据 2D Concept 设定搭建好合理的骨骼后，需要执行蒙皮的程序。蒙皮是指将雕塑好的 3D 人物模型与搭建好的骨骼建立连动关系，让骨骼牵动 3D 人物模型运动起来。一般来说，为了便于后期手动修改动画，动画师可以为多个骨架增添控制器，该元件可以合理地操控多个骨骼与该骨骼所牵引的 3D 模型区域。然而，并不是每一根骨骼的移动对所有 3D 模型上的所有点都有相同程度的影响力。刷权重的目的就是为 3D 模型上的每个不同的点进行定义，点上的权重数字越大，该骨骼对运动的影响就越大。相反，对于不与该骨骼连动的点，可将其权重设置为 0。

完成骨骼搭建、蒙皮、控制器设置与刷权重一系列程序后，3D 模型即可进入动画制作的环节。过去可能由动画师根据剧情来进行关键帧动作的设置，辅以控制器逐步调整模型动作，现在则可先让真人穿着动作捕捉服演出该剧情，由动作捕捉服系统大致捕捉其身体动作信息，再逐步调整成适合大荧幕观看的高品质动画输出。随着动作捕捉服系统的演进与渲染效能的提升，动画师后期修改的程序在现今的虚拟人技术整合中已不再需要，搭建好骨骼的 3D 角色模型，并搭配动作捕捉服系统与游戏引擎即时渲染技术，便可完成即时内容输出，如直播、舞台表演等应用，达到"所见即所得"的效果。

5.4 导入游戏引擎、物理模拟与动作捕捉系统串接

下一个制作程序则是将上述制作完成的 3D 角色模型、贴图、骨架搭建等成果导入游戏引擎进行整体检验，包含可动性、正确性与视觉呈现。游戏引擎测试阶段主要由技术美工、Unreal 工程师等成员来验证，虽然前期 3D Modeler（3D 模型师）与骨架师的工作已经初步告一段落，但在此期间通常会有贴图与模型的视觉、骨架运动等后来修正的过程。

关于物理模拟，则将体现在头发（如长发发尾、刘海、鬓角、马尾等）、身体（如胸部等）、衣服布料（如长袖、裙摆等）上，并可在 Unreal 游戏引擎的 PhysX 3.3 系统中加以物理引擎调控，主要有物理碰撞、移动阻力及重力模拟等设置，必要时也需要额外搭建骨架并导入游戏引擎，以模拟该部位的运动。

至于脸部 Blendshape 微表情数据及身体、手部动作捕捉的数据，在 Unreal 游戏引擎中都很容易转换。以 ARKit 为例，脸部 Blendshape 数据需要搭配 iPhone X 以上机型并下载 Live Link Face App。在 Unreal 案例中导入 3D Asset（3D 资产）时要导入变形目标（Import Morph Target），最后在动画蓝图（Animation Blueprint）中设置，即可完成串接。身体动作捕捉数据以 Xsens Technologies 为例，在配置好 Xsens MVN 软硬件系统后，首先到 Unreal 的 Market Place（市场）下载 Xsens Plugin（Xsens 插件），将骨架调整成 T Pose

（T 姿势），然后将骨架名称填上正确的 Remap（重新映射），最后在 Animation Blueprint（动画蓝图）中设置参数，即可完成串接。同理，动作捕捉手套系统也要经过类似的系统整合，部分动作捕捉手套系统如 ManusVR、StretchSense 的数据流皆与 Xsens MVN 软件有很好的结合，这有助于系统稳定和 Unreal 动作捕捉引擎串接。

至此，若一切顺利，则可开始使用脸部 Blendshape 的数据和身体、手部动作捕捉的数据，即时操控 3D 虚拟人表情与全身动作来初步制作内容。不过就实际经验而言，如前所述，通常需要技术美工、Unreal 工程师、3D Modeler（3D 模型师）与骨架师整个团队再对整合完成的虚拟人即时操控的呈现多加检查，避免出现模型穿插、关节扭曲等问题，并进行表情驱动程度等往返制作过程的微调。

5.5 以真人即时操控为基础的虚拟人展演及舞台功能

基于真人动作捕捉服系统的系统整合，主要采用以下两部分进行：一是脸部表情动作捕捉部分，通常是将 2D/3D 的摄影机置于"中之人"的面前，必要时辅以头盔，便于在头部旋转时捕捉脸部信息；二是身体动作捕捉部分，通常使用动作捕捉服系统与动作捕捉手套系统。上述两部分将真人的动作信息协同捕捉，即时输入 PC 工作站后即可操控虚拟人。

通常，虚拟人的即时操控演出会结合许多节目效果进行，可以把 Unreal 案例的执行档（即"可执行文件"）当作一个小型的虚拟人摄影棚,在真人实际拍摄用的摄影棚中的概念与设置都可以放进 Unreal 执行档,常见的如更换背景,可以更换 2D 背板或 3D 场景,也常用绿幕来搭配真人或真实物体演出。更换灯光的功能可以使 3D 虚拟人身后的背景或身旁的真人同框画面更为和谐。

相较于真人摄影棚,在虚拟世界中移动摄影机镜位或移动虚拟人非常容易,相对于真人来说,虚拟人在节目演出时的造型更换、角色更换、道具使用等方面具有优势,速度快且有更大的弹性,可以搭配演出节目随机灵活地调控。

一般来说,为了避免单一计算机工作站的效能负担过重,在大多数情况下是一组工作站搭配一个虚拟人的配置,如需要多个虚拟人同框演出,则在不影响效能的前提下,同一个 Unreal 执行档可以同时即时渲染多个虚拟人 IP,如同一般的 3D 游戏一样,只是游玩的控制方式从简单的手把控制器,变成比较复杂的脸部表情追踪及身体动作追踪系统。

以真人动作捕捉为技术基础的虚拟人系统,有以下几个优势。

1. 制作内容丰富

3D 虚拟人通过真人操控所产出的内容弹性高、变化大,可搭配直播或影片录制打造虚拟 YouTuber(YouTube 上的主播)或角色 IP。

2. 企业形象统一

3D 虚拟人角色造型可以由企业自行定制,并以此形象制作企业营销影音内容,统一打造企业专属代言人、角色 IP 等。

3. 具有娱乐属性及趣味性

通过真人操控虚拟人系统，可将影像、视讯内容转换成虚拟角色以增添娱乐感和趣味性。

以真人动作捕捉技术为基础的虚拟人系统也有三个产品劣势。

1. 制作成本高昂

3D 角色建模由于需要大量的人力，所以制作成本很高。动作捕捉服系统、游戏引擎的技术整合也需要大量的研发人力投入。因此，目前整体设置费用居高不下。

2. 尚未具备不可替代性

即使没有此项产品或服务，企业也可以利用传统方法，如利用真人艺人、明星代言，个体商家同样可以通过真人入镜自行直播或录影予以代之。

3. IP 经营成本高

可即时操控 3D 模型的市场价值仍在探索和发展之中，与真人 IP 经营一样，它仍需不断地投入成本，建立和维护内容运营团队。

5.6 以 AI 聊天机器人为基础的虚拟人应用分析

使用 AI 聊天机器人操控虚拟人的关键步骤有以下四个：一是 AI 智能语音分析，用以了解用户的语音输入，将用户的语音输入转为文字信息；二是 AI 聊天机器人的自然语言处理，这里必须要了解客户文字的语意，并输出相对应的文字回复；三是 AI 语音生成，输入 AI 聊天机器人产生的文字信息，输出 AI 生成的语音信息；四是利用 AI 模组，把声音信息转换成 3D 角色脸部表情的影像输出。

以 AI 聊天机器人为基础的虚拟人产品，有以下几个优势。

1. 人力成本低廉

主要用于客服、柜台等通常回复较常见的问答情况，应使用 AI 聊天机器人结合 3D 形象，可取代现有真人来自动回复，从而降低人工成本。

2. 企业形象统一

企业可自行定制 3D 角色形象，并服务于各类场景，以打造企业专属代言人 IP，并形成统一的企业形象。

3. 服务具有温度

在虚拟人技术被广泛运用之前，使用语音或文字互动的智能系统早已应用于市场，但具有人类形象的聊天机器人，会让顾客有情感投射，比纯文字聊天机器人更加亲切。

4. 拥有高科技属性

近年来"元宇宙"于全球媒体的"吹捧"下，成为各大企业追求的目标之一。虚拟人可以结合最新的 AI 技术，有效加强企业的高科技形象，并提升社会观感。

同时，以 AI 聊天机器人为基础的虚拟人产品也有如下劣势。

1. 制作成本高昂

除 3D 角色建模需要大量的人力成本外，整合数个 AI 系统、游戏引擎的技术亦需不菲的研发成本。

2. 尚未具备不可替代性

即使没有此项产品或服务，企业一样可以持续经营，顾客一样可以询问真人客服。故尚未到达客户一定要付费才能改善的临界点。

3. 可取代性较高

由于此产品或服务的建设成本高昂，可用同样费用雇用实习生、助理等代替。

4. 人类形象非必需

Apple Siri、Amazon Alexa 等企业智能音箱与智能语音助手，没有人类形象也能提供服务。

5.7 Light Stage 高精细度脸部扫描

Light Stage 可以纪录静态高分辨率 3D 人脸模型。借由 Light Stage 的高精细度脸部 3D 扫描过程，可以记录从左耳到右耳区间最真实、最丰富的脸部细节信息。这项技术已应用于许多好莱坞电影的数字分身，如《蜘蛛侠》《本杰明·巴顿奇事》《阿凡达》等，但其记录的范围仅限于静态数据，3D 扫描资料之间无时间连续性。

Light Stage 是由保罗·德比维克（Paul Debevec）领导研发而成的，他于 2010 年获得美国电影艺术与科学学院科学与工程奖（Academy Award）。保罗·德比维克现为 Netflix 制片创新研究总监，也是奥斯卡金像奖的主办单位——电影艺术与科学学院视觉的特效管理者。除著名的 Light Stage 外，保罗·德比维克也是将相机摄影的 HDR（High Dynamic Range）使用于计算机图形学的先驱。因此，无论在学界还是产业界，保罗·德比维克都有不可撼动的大师地位。

Light Stage 的工作室隶属于美国南加州大学（USC, University of Southern California）创新技术研究院（ICT, Institute for Creative Technologies）的计算机图形学实验室。从 2001 年发布的第一个版本，到最新的 Light Stage X（2011）版本，该系统都堪称学术与娱乐结合得相当成功的合作案例。

下面我们对很多电影中采用的 Light Stage X 版本进行详细介绍，它是由计算机控制的约 20 000 个 LED 光源所组成的系统，其中光线可控的内容包含颜色、强度、方向、光谱与偏振。被扫描者坐在直径约 2 米的 20 面球体中，3D 扫描团队除了要控制光源，还要控制待扫描者脸部面前的 5 台高阶单眼相机，以确保捕捉脸部皮肤表面在各种光线变化下的环境光、散射光与反射光细节。每个表情拍摄仅需要花费 7s，在经过数小时的计算机运算后，即可重建出高分辨率的 3D 脸部模型。最重要的是，制作者要确保在后期内容制作时，可以重复、多变地对此 3D 模型重新打光，以制作出逼真的 3D 人脸模型。

在 5.1 节～5.3 节中，我们介绍了虚拟人的 2D Concept 设计、3D 脸部模型的雕塑与 Blendshape 制作，整个过程是一气呵成且前后呼应的，其中最影响客户满意度的部分就是 2D Concept 与 3D 建模的相似程度。3D 建模的技术再好、细节再多，若是与 2D Concept 不像，也只能没日没夜地修改；可能改到某一个程度时，2D Concept 与 3D 建模的相似度高了，这时候又会产生一个新的问题，好不容易静态模型相似了，但是模型动起来就是不一样，在实际制作过程中遇到麻烦屡见不鲜，每一次反复改动都会消耗巨大的制作成本，这实在是行业上巨大的痛点。如果虚拟人角色是卡通风格化的，则还有机会制作到 2D Concept 与 3D 建模比较接近的程度，但若虚拟人角色是拟真风格的，则真是难上加难。因为人类从出生开始，就看过成千上万的脸孔与表情，只要 3D 建模与其 Blendshape 表情稍有不同或是不自然，马上就会被察觉，所以业界通常会将拟真级别的人脸建模称为"3D 制作的圣杯"。而 Light Stage 的出现，扫描出栩栩如生的真人 3D 模型，正是这个痛点的完美解决方案，给电影产业注入了一剂强心针。以至于最近十余年来只要有需要用到数字分身的影片，就一定会使用 Light Stage。

实际上，在使用 Light Stage 扫描演员时，并不会只扫描其自然无表情的脸部，还会扫描该演员的许多不同的脸部表情，而且还是较夸张的表情 ROM（Range of Motion，动作区间），如嘴巴张到最大，两只眼睛看到最右边，眉毛抬到最高，等等，以同步获取该演员的 Blendshape 信息，并制作相应的模型。

在进行脸部扫描时，会有一个表情导演的角色来指导演员做出正确的表情，并维持住 7s，以捕捉各种光线变化下的脸部细节。与此同时，由于其计价方式通常是以每一个 3D 人脸建模，即每一次拍摄作为单价的基准，所以拍摄的次数越多，需要付出的制作成本就越高，脸部的表情呈现也越好，从而减少后期制作上的麻烦。

若制作成本较充裕，一般会拍摄较多个 ROM。然而，在大多数情况下我们还是希望节约拍摄的成本，而让后期 3D 建模师多花一些时间进行处理。3D 建模师在拿到经过计算机运算而重建的 3D 脸部模型后，可以多做一些后期处理，比如把脸部从鼻翼部分水平切开，分成上下两部分，上下各做不同的表情呈现。

在扫描时，表情导演会要求演员将眉毛抬到最高，下巴张到最开，两只眼睛向最右边看，嘴巴往最左边靠等复合型的脸部表情，如此即可在一次拍摄中获取两个不同的脸部 Blendshape 信息。通常在这个阶段也可以获取脸部血液流动的状况，在脸部做夸张动作时，血液的流向与自然无表情时很不一样。因此，这个信息也可作为后续贴图的素材，用以提高最后建模成品的真实度。血流皮肤材质贴图可以根据 Blendshape 数据的变化而定。

在扫描完成后，ICT 要经过数周的资料整理才会将整体方案提交给客户。然而，并不是拿到 ICT 提交的资料，就能将其直接使用在虚拟人的制作上，仍然需要 3D 建模师花许多时间把扫描过程中的细小瑕疵，如毛发、脸部边缘的部分进行清理，最后整合颈部、头发与身体，才能算是告一段落。

5.8 MetaHuman——Unreal 引擎

一个 3D 虚拟人的制作过程从一开始的 2D Concept 设计，到可以进行即时操控的演出，快则一个多月，慢则三四个月，甚至更久都有可能。如果客户对 2D Concept 与 3D 建模的还原度有较高的要求，则需要多花时间进行反复修改，若此案例是拟真级别的虚拟人，则需要更长时间的雕琢与调整。

如果有一个系统可以即时调整脸部的相貌，马上让客户看到类似成品的呈现，那么将极大地促进产业效率的提升与变革。此类技术曾经也出现在一些可以自行创作角色的游戏（如 NBA 2K 系列、黑色沙漠等作品）中，类似纸娃娃捏脸系统。但是大部分同类技术是帮助玩家在游戏内创建角色，无法使用在外部的应用中。

然而，2021 年 2 月，拥有 Unreal 游戏引擎的公司 Epic Games，推出了大名鼎鼎的 MetaHuman，不但可以在几分钟之内建立拟真级别的 3D 角色，而且可以输出到 Unreal 引擎中直接整合使用，还可以输出数据集到其他常用 3D 建模软件（如 Maya）中进行调整优化，大幅降低了制作 3D 拟真角色的门槛与成本。

MetaHuman 目前需要通过云端平台 MetaHuman Creator 创建，尚未有单机版面市，一般用户无须配备高性能的计算机工作站也能创建属于自己的角色。在 MetaHuman Creator 云端应用程序中，操作者可以对角色进行脸部特征、发型和身体四肢的调整，甚至牙齿都可以进行细节上的微调，但发型和身体目前可调的选项不

多，且部分发型仅能支持 LOD（Level of Details，多细节层次）的
Level 0 或 Level 1，对于有进阶需求的创作者，须将该角色导出后
再进行调整。

在角色创建完成后，通过 Epic Games 推出的另一个 3D 内容
管理系统 Quixel Bridge 即可下载 MetaHuman 并导入 Unreal 游戏
引擎中。更出色的是 MetaHuman 已经完成了脸部 Blendshape 表情
组与身体骨架的绑定，使用 Apple 的 ARKit 系统串接 LiveLink 及
Faceware 即可即时操控 MetaHuman 的脸部表情。关于身体部分，
无论是简单整合使用 Unreal Market Place(Unreal 旗下的网络市场)
中的 Animation Starter Pack（动画初学者包）执行一些较常用的游
戏角色动作，还是直接串接 Xsens MVN 身体动作捕捉系统进行即
时操控，都可以使用 ManusVR 的动作捕捉手套系统来采集数据。

Epic Games 在 2022 年也推出了新版本功能 Mesh to MetaHuman
（MetaHuman 构型），可以让使用者借助 MetaHuman 的系统将 3D
扫描完成的模型，通过导入 Unreal 的 UI 做一些预处理，如在眼睛、
法令纹及嘴巴标上标签（Tag）后，即可在 MetaHuman Creator
（MetaHuman 创作器）中进行进一步调整，包括脸部特征、发型及
身体调整，并搭配新的姿势与表情，在不同的环境光线中观察其
效果，让 MetaHuman 的制作更加快速与多元。

MetaHuman 技术的出现，可以说导致部分 3D 角色建模团队
的职能几乎被取代。然而，在游戏主角或虚拟人 IP 的创建上，通
常需要较高的精细程度与大量的定制化，以彰显该角色与其他角
色的不同之处。综合来说，3D 角色建模团队不需要太担心自己的

作用会被新技术完全取代，反而是多了一个利器，可以大量、快速且低成本地制作 NPC（Non-Player Character，非玩家角色），故 MetaHuman 技术现阶段很适合小型游戏工作室。期待未来我们可以只需输入一张 2D 照片，即可一键完成"捏脸"的功能。相信 MetaHuman 技术会有更广泛的应用。

综合考虑以上主流系统整合的优/缺点与使用情境，建议做虚拟人的专业公司在此方向的研发与业务中加大投入成本，在这个过程中需要重点考虑以下三方面。

1. 降低研发成本

虚拟人制作公司需要将市场上的既有技术整合利用，不需要高端技术研究人员旷日持久地研发，以 OEM（Original Equipment Manufacturer，贴牌生产）的角度切入市场，可以将研发成本主要用于提升系统稳定度、提高使用者体验、方便产出内容等更多非关键技术的环节上。

2. 活用大企业支持

全球科技大厂如 Apple、Meta、NVIDIA 等已释放出免费或部分限制的软件 API、SDK，系统整合企业可以活用这些大厂的技术支持系统，避免自行投入大量研发成本。

3. 抢占市场份额

虚拟 YouTuber、虚拟客服的数量日益增长，整合系统也百家争鸣，尚未有一支独大的情况，先行者应可以抢得一定程度的市场份额。

第6章 下游——虚拟人展演与IP运营

本章探讨虚拟人展演与IP运营的实用案例，主要是指将虚拟人搭配动作捕捉技术或AI聊天机器人操控技术后，使得其可在不同场合、媒体、社群网络进行渠道曝光与内容生产。如同真人一般，虚拟人可参与各种艺人经纪活动，包含与现场观众互动、直播带货、唱歌跳舞等。真人艺人能做的事情，虚拟人基本都能做。

此环节的用户端类似于传统偶像经纪生态体系的艺人经纪公司，亦可称其为MCN（Multi-Channel Network，多渠道网络）公司。传统艺人经纪公司会与艺人、主播等真人IP签署专属合约，以优质IP制作内容、展演才艺等方式累积流量与声望，通过内容生产促成品牌客户端达到市场营销目的以盈利。

但是，传统艺人与主播由于难以复制成功经验，且"人"这个可变因素无法避免，绯闻、失言等负面新闻也难以控制，传统艺人公司长年苦心经营的IP很容易在一夕之间"崩坏"，使品牌客户的形象受损。因此，在虚拟人崛起的时代背景下，MCN公司可通过虚拟人IP的可塑性与可控性有效地解决其痛点。

根据虚拟人IP运营及产生内容的方式，虚拟人可分为三类，分别是类似传统艺人经纪的虚拟偶像，以高可动性作为主要卖点的虚拟YouTuber，能够输出高品质单张影像的虚拟网红。三者各有其优、劣势及不同的经营策略，后续将以各类虚拟人 IP 角色结合实际案例进行深入说明与探讨。

其中，如果用精细程度与可操控性两个维度来将虚拟 YouTuber 与虚拟网红做横向比较分析，则一般来说精细程度高、3D 呈现为主的虚拟人 IP 较难即时操控。即时操控程度高则精细程度较低，通常虚拟人 IP 是 2D 风格的。虽然视觉上是 2D 风格，但是呈现为 3D 模型，这也是视觉效果和成本平衡的选择。精细程度与可操控性要求都高的视觉状态，其成本与技术门槛相应也高，这是业界追求的最高技术境界。如何在精细程度与可操控性之间衡量拿捏，特别需要依靠 MCN 公司的战略定位，其中内容设定精准、维持人设一致并保持粉丝热度是最佳的方针策略。

6.1　全息投影展演与应用

平心而论，在 AR 与 VR 设备尚未有突破性的进展前，虚拟人全息投影（Hologram/ Holographic Projection）的视觉呈现可以说是最适合虚拟人的展演方式。如果现场环境配置适当，就会有栩栩如生的虚拟人类 3D 视觉效果展现在观众眼前。然而，目前绝大部分全息投影技术尚未发展到可以凭空无介质全息投影，或与一般人类身高和体积范围相似的 360° 全息投影。现有的所谓全息投影展演实际上采用的都是 2D 的显示方式，主要设备有 45 度折射全息膜、背投影全息膜及全息风扇，下面逐一介绍。

1. 45° 折射全息膜

45° 折射全息膜又称佩珀尔幻象 (Pepper's Ghost)，于 1862 年由英国科学家约翰·亨利·佩珀尔 (John Henry Pepper) 推广而来。佩珀尔一生没有做出什么科学发现，但却在关键的历史时期塑造了人们的科学观。他真正的贡献在于将科学现象生动地展现在大众面前，是我们不该忘却的科普先驱。佩珀尔幻象近年来多用于全息演唱会、发布会等场景，它的硬件设备主要是一个长方形的立体结构钢架，其宽和高由显示内容而定。如果该装置用于显示虚拟人的展演内容，则通常将高设置为 2~4 米，宽则根据现场的舞台大小及虚拟人左右横移的范围而定。

该钢架的核心是与地面和天花板成 45° 夹角的透明全息膜。从立体结构钢架的侧面看，天花板、全息膜与地板成一个 Z 字形，在钢架下面的地板或钢架上面的天花板上，可设置一块大型 LED 面板来播放影像内容，如果选择自发光的 LED 面板，则成像效果会比较好。但若尺寸较大则价格昂贵，因此也可设置投影机在幕布上投射出影像内容。只是投影机的光经过反射后会衰减，在全息膜上的成像也会随之受到影响，需要特别注意视觉呈现的品质。

如果只希望观众看到全息膜上显示的影像内容，则需在立体结构钢架的四周用深色不透光的幕布进行围合，并在面对观众的那一面多做一些遮挡，以避免观众看到天花板或是地板的影像来源。在远离观众的钢架后侧，可以设置一个便于让真人站立的舞台，再放置一些摆设，营造出后景深。也可以通过借位的方式，让真人与全息膜上的虚拟人有比肩站着的效果。还可以在地板上打一个圆形的聚光灯。以上做法都可以让观众有效地产生错觉，认为全息膜上的与虚拟人相关的内容并非 2D 平面影像，而是 3D 立体投影。

全息膜的特点是既可以反射影像，又完全透明，虚拟人的内容也需要配合上述特性才能达到最好的效果。实际上，虚拟人的即时展演内容如同前面所述，只需要将计算机工作站所输出的影像信息导入 LED 面板或投影仪，即可在全息膜上呈现。

为了让观众的视觉聚焦在虚拟人身上，虚拟人的服饰造型与配件要选择偏白的、偏亮的，避免选择深色的。因为在品质好的全息膜上，只要是黑色的影像就可以完全不呈现，仅有非黑色的影像内容才能显示在观众的眼前。另外，建议虚拟人全身成像的部分，都使用全黑的背景影像以凸显轮廓，在远离虚拟人全身处再安排其他背景画面。然而，过度华丽的背景也会破坏虚拟人的立体投影感，因此在内容安排上需要由视觉总监及导演谨慎评估。

2. 背投影全息膜

背投影全息膜也是一种几乎透明的膜，不同于 45°折射全息膜的成像方式，背投影全息膜的工作原理是由投影机直接对着全息膜进行正面投影或背面投影，把光线打在全息膜上以达到成像的效果。与用 45°折射全息膜类似，用背投影全息膜进行虚拟人展演时，要选择全黑的环境，并且虚拟人的造型要偏亮。避免让观众发现全息膜，才能有较好的全息观影体验。

一般来说，背投影全息膜的优点是比较容易设置，而 45°折射全息膜在硬件搭建上更费时费力，但相较于背投影全息膜来说整体视觉效果更好。另外，背投影全息膜较适合用于室内，若展演地在室外，则要将背投影全息膜固定好，以避免风吹造成成像晃动。

3. 全息风扇

全息风扇也是一种以 2D 方式呈现 3D 错觉的全息成像装置，它的成像原理比较直观，即在一个十字形的细长固体钢条上设置 LED 灯条，搭配相应的软件进行 2D 影像的播放。十字形的全息风扇高速旋转起来，会使 LED 灯条暂时延迟人类视觉而呈现全息效果。其优点是容易设置，且由于自身会发光，相较于 45°折射全息膜和背投影全息膜不适合放在明亮的地方，全息风扇可以架设在较明亮的场所，比如架设在百货商城，同样会有不错的立体全息投影效果。

然而，由于该设备需要由另一软件来控制 LED 灯条，所以与虚拟人计算机工作站的软硬件整合需要多费一些心力。虽然这种方式可以集结较多个全息风扇形成阵列，略微加大显示范围，但与可进行大型展演范围的 45°折射全息膜和背投影全息膜相比，仍有很大的差距。全息风扇的运行原理与风扇叶片相似，无法避免地会产生噪声及散热的问题，最好有保护设施以确保观众与机体的安全。

对于以上三种全息投影方式，在实际使用时，观众只有在正面的显示区域才会有比较好的观影体验。毕竟显示的影像实际上还是在 2D 的平面上，只要走到侧面的区域便会露出破绽。也有一种全息膜的变形——全息展柜，即将四片三角形或梯形的全息膜以金字塔的形状组合在一起，并在金字塔的尖端侧设置 LED 面板，同时显示 3D 虚拟人的四个面，即正面、背面、左面和右面，如此即可营造出虚拟人在金字塔中央展演的效果。

由于技术上的限制，要将立体投影做到无介质的程度可以说遥遥无期，但日益成熟的 AR/XR 显示装置，如微软的 HoloLens MR 混合现实头显，可以让所有佩戴 HoloLens MR 的观众通过其 AR 显示技术观看到 3D 虚拟人的不同面相。相信在技术不断成熟后，AR 装置会慢慢普及。包括 AR 隐形眼镜和脑机接口的技术突破，会让更多终端使用者体验到有别于 2D 平面影像的视觉感官刺激。

6.2　AI 聊天机器人操控之虚拟直播间

真人穿戴动作捕捉装置后，搭配即兴或脚本操控的虚拟人形象来展演虚拟人相关的内容，虽然可以输出较为活泼且具娱乐性的影音内容，但如前文所述，一个全身都需要进行动作捕捉操控的虚拟人，包括"中之人"在内，至少需要三位现场工作人员全程协助，配置动作捕捉硬件设备、计算机工作站及虚拟人整合软件。即使只有脸部需要操控，身体可随着"中之人"的身体自然摆动的虚拟人，也至少需要一位"中之人"定点全程地在计算机工作站前进行展演，在人工智能技术兴起的这个时代，是否有更智能的方式，使虚拟人展演更加规模化从而降低边际成本呢？

这个问题的答案其实也很好推理，我们来分析虚拟人整体的展演方式。首先，虚拟人需要听得懂或看得懂观众提出的问题，并且了解所要进行的演出内容，如此即需要语音识别（输入语音信号转文字）、语意识别（文字转语意）、聊天机器人（理解语意并回复文字）及语音生成（文字转语音信号输出）的人工智能技术，其实在许多智能手机及智慧音箱上都有相应的软件，如 iPhone 的 Siri、Amazon 的 Alexa 等。到这个阶段，如果没有要求视觉上的呈现，那么其实已经可以满足一部分终端客户的需求。

然而，人类对于影音体验的追求越来越高，有了动听的语音后，部分终端使用者势必会期待有一个赏心悦目的视觉形象。在前文所述的语音生成的技术链条之外，需要将唇形同步（语音信号转唇形）、语意情绪识别（语意转表情状态）、预先录制的动作播放等技术整合进虚拟人视觉呈现的软件中，一般来说此技术链条的终端是游戏引擎。最后，我们便可以得到一个能与终端使用者互动，背后又不需要有一位至三位，甚至更多技术人员支持的虚拟人，真正实现虚拟人的规模化制作。

市面上有各式各样的 AI 操控的服务型虚拟人应用，其中较为适用的是柜台接待虚拟人、点餐台虚拟店员等，相对而言具有更广大商业价值的，莫过于 AI 虚拟带货主播，结合了近年较火爆的直播带货和虚拟人的形式。即使真人带货有更活泼的互动形式，但人终究是需要休息的，AI 虚拟带货主播并不需要与真人主播正面对抗，只要在真人主播休息的半夜、清晨等时段，用亲切的语音和丰富的视觉效果，继续为观众介绍产品、打招呼、互动，等等，这样就可以持续加强该线上商城的品牌识别效应，一举多得。

阿里巴巴的达摩院在旗下的直播平台上推出 AI 虚拟带货主播整合系统，该系统是架设在云端服务器上的，并不是在用户本地手机端进行渲染的，所以可以对标 3A 级（高成本、高体量、高品质）游戏大作的精细角色进行制作。该系统使用的硬件要求是在 Intel i5/GTX 1080 Ti 机器上的画面运行帧率要达到 30fps 以上。然而，由于使用的游戏引擎为 Unity，即使导入了 HDRP（High Definition Render Pipeline，高清晰度渲染管道）的新版 3D 模型制作管线架构，可以有较丰富的光影变化、材质球、相机配置等选择，但视觉呈现仍与 Unreal 游戏引擎上的高精细度、数十万甚至数百万面的模型效果不同。整个链条制作的过程可以分为素材制作、Unity 游戏引擎端整合、上传平台三个阶段。

对于素材制作，在设计好 2D 角色形象概念图后，即可委托平台请第三方 3D 角色建模公司开始制作该线上商城的虚拟主播形象，主要包括制作模型、贴图及预录身体动作动画，这个环节其实与一般的 3D 角色建模流程类似。但由于淘宝直播间的观众体量非常大且相当多元，为避免造成后续角色被 AI 智能操控时产生分歧，因此只能提供 1∶1、1∶5 与 1∶7.5 三种头身比的角色设计框架，也可以提供更换装束、道具及妆容等项目的造型选择。

对于 Unity 游戏引擎端整合，主要考量摄影机、场景、打光及物理模拟几个方面。在这个环节中，由于淘宝直播间在手机上的视觉呈现，除了虚拟主播，还有许多服务于观看客户的项目，如文字输入区域、商品展示区等，因此无法移动场景中的摄影机，只能采用固定镜头的形式，以避免呈现画面的错乱。

场景方面主要使用 2D 背板而非真实的 3D 场景，毕竟相较于真实的 3D 场景，2D 背板具有可快速更换且成本低廉的优点，缺点是缺少临场感。想要解决这个问题，首先，需要有光线配置加以辅助，即配合 2D 背板上的图像光线的走向和强度来配置灯光。然后，通过固定镜头营造出虚拟主播站在特定场景的视觉效果。最后，在虚饰人头发或服饰上添加相应的物理模拟效果，可以用布料模拟，也可以用配件、马尾等架骨架，完成游戏引擎端的配置。另外需要利用 Unity 的打包功能将所有素材打包，上传到平台进行功能验证。如验证成功，虚拟人就可以利用内容团队设计好的脚本，进行 24 小时不间断的虚拟直播带货了！

以上为阿里巴巴虚拟主播平台的大体操作流程，即使没有使用这个平台的官方制作流程，我们也可以参考前述流程的概念。在元宇宙观念爆发的今日，相信会有更多的 3D 角色或资产制造的需求。阿里巴巴很好地示范了一个大规模的面向多制造商与多客户的 3D 资产平台与流程，同业伙伴可以将其作为参考，来调整现有的团队组织、系统架构、技术开发。

6.3　静态/动态 2D 影像呈现虚拟人

大部分观众会将视线集中在脸部或头部，而整个虚拟人全身 3D 建模的制作过程又相对冗长且昂贵，身体四肢与服饰的打造都不容易做到真实而自然。因此，有聪明的团队想出这样一个办法，身体部分使用真人替身，脸部或头部使用虚拟人的影像合成，从而大幅降低生产制造的成本。

搭配好的故事、影音作品及人设内容，即刻就能达到极佳的营销效果与市场价值。此方法催生了许多知名虚拟网红，如来自美国洛杉矶的 Lil Miquela、日本东京的 Imma、虚拟肯德基上校等，都是在 Instagram 上拥有数十万甚至数百万粉丝数的超级虚拟 KOL（Key Opinion Leader，关键意见领袖）。

上述类型的虚拟网红，需要使用环境光线配合真人拍摄，把虚拟人的脸部或头部精细打光后的 3D 建模影像渲染出来，结合许多后期制作的技术方法（例如偏传统的 Adobe Photoshop 影像处理编辑），最后才能将脸部或头部完美地合成在真人的身体上，整体费时较长，因此比较难做到连续、动态的影像输出。如果要做到动态影像输出，技术难度就会呈指数级提高，直接从 2D 脸部修图难度等级变成影视广告难度等级。这类型的虚拟网红普通 2D 静态影像贴文需耗时 2～3 天，而要准备 1 分钟的预录动态影片，则需花费 4～8 周才能制作完成，当然，实际情况往往需要依照团队的技术实力而定。

其实这些虚拟网红类型的概念与制作，已经广泛地运用在好莱坞的电影特效产业许多年了。早期的电影《本杰明·巴顿奇事》以布拉德·皮特（Brad Pitt）的脸部为基础，制作了不同年龄段的 3D 脸部模型，替换掉替身演员的脸部或头部，在电影里的前一小时中，几乎都是计算机动画制作的数字头部的视觉效果。在电影《速度与激情 7》的拍摄过程中，男主角保罗·沃克（Paul Walker）不幸过世，后续的片段就是用保罗·沃克的 3D 脸部搭配他弟弟的真人身体拍摄合成出来的效果。这种类型技术的难点，主要有两个：一是耗时的脸部与头部追踪，二是更换前后，光线的配合与自然程度，以上两点都由于机器学习近年的突破而有所进展。

数字王国的 Charlatan 系统是业界著名的技术应用，曾经被使用在防疟疾的公益广告中。在该广告中，知名足球运动员大卫·贝克汉姆（David Beckham）超过 70 岁的年老模样被无缝连接至其40 多岁的身体。近期的案例，包括在好莱坞电影《失控玩家》中，男主角瑞安·雷诺兹（Ryan Reynolds）所饰演的主角和壮硕版的他打斗的场面，都相当成功。相较过去 3D 头部建模与追踪的传统制作方式，利用深度学习的 Charlatan 技术，可以省下几个月的 3D建模时间。以贝克汉姆的广告为例，总共的制作时间不到 8 周，即完成最终效果。

具体做法是，先录制大量的主要演员和替身演员的 2D 影像，再借助深度学习的技术找到两组影像之间的关联性。通过建立深度学习模型，输入主要演员和替身演员的脸部动作情况，输出主要演员和替身演员相对应的脸部静态表情。最后用影像处理的经典合成方法，将脸部或头部区域无缝地融合到最后的目标影像中，即完成制作。

用大量影像资料训练深度学习模型之后，可以将主要演员和替身演员彼此之间的多角度脸部表情关联捕捉得相当细致。因此，节省了过去传统做法中，需要头部精细追踪的耗时过程。同时，在收集训练资料时，如果同步加入大量不同光照的训练资料，即可较大程度地重现不同光照下人脸肌肤的效果，从而实现较为自然的影像输出。由于整个过程没有任何 3D 建模的程序，也不需要对主要演员和替身演员进行昂贵的 3D 脸部扫描，所以大量地节省了制作成本开销。综合来看，此技术可以说是传统电影特效产业的一个里程碑。

此外，在之前新冠疫情严峻又不得不继续拍摄影片的工期压力之下，Charlatan 技术也有一个特别的应用，即演员在戴着印有其下半边脸图像的口罩后，可借由 Charlatan 技术移除口罩。然而，即使移除了口罩，嘴巴仍然是不会动的，此时可以应用另一个深度学习的技术，即输入语音和输出嘴巴部分的 2D 影像。如此便可以在戴着口罩的情况下，完成影片的拍摄和后期制作。

整体而言，直接借用真人身体生成图片或视频具有高真实性，同时相较于 3D 建模有低成本性。通过真人身体和虚拟人的头部或发型，来制作出介于虚实之间的角色 IP 内容，是这个时代特有的虚拟网红运作形式。若可以善用这方面营销的手法，快速建立虚拟人角色 IP 在社群平台上的声誉，再进一步考虑是否要全身 3D 化与即时操控化，不失为一个经营虚拟人角色 IP 的好策略。

6.4 小型全息装置——智能虚拟管家

综观上述几个虚拟人的展演与应用方式，包含全息舞台、AI 智能直播间等，全世界的虚拟人团队都在思考有什么适合的场地与环境可以让虚拟人发挥其独特的魅力。若以五个方面——人、事、时、地、物来分析虚拟人产品，人指的是虚拟人 IP 角色，事指的是展演或智能 AI 聊天机器人应用，时指的是 24 小时全年无休，地可以是大型舞台，也可以是手机 APP 端。物比较不明显，既可以是直播购物的推销品，也可以是虚拟人的配件、周边、手办等。所以如果将"地"所指的全息舞台小型化，并加上明确的"物"（硬件产品），就可以推演出一个小型全息装置，内部可以显示智能虚拟管家。这类全息装置结合了虚拟人视觉呈现与 5G、IoT（物联网）智慧家居等智能应用产品。

相较于在手机里的 2D 屏幕上看到虚拟人形象，在小型的全息装置中观看虚拟人的视觉效果更有娱乐感与陪伴感。由于这类全息装置是面向 C 端客户的大众化量产产品，所以也不太可能由真人来操控。势必需要串接 AI 聊天机器人软件，以提供即时且个性化的互动服务。

另外，若只有对话的功能，则可能很快就会让使用者感到疲乏，因此笔者建议增加更多实用的功能。比如，查看天气与新闻、电子书朗读、IoT 智能家居系统整合等。再比如，为现今流行的智能音箱增加一个虚拟人的形象，可以让用户投射更多感情到智能产品上。

2016 年，日本某公司发售了一款内有初音未来形象的小型全息虚拟管家硬件装置，一位热爱初音未来的日本男性更是宣布要与其结婚，并借由此硬件装置实现了与虚拟偶像初音未来的互动。然而，2020 年初，该公司宣布停止初代产品的服务，也间接宣布了这名日本男子无法再与其初音未来老婆对话互动。虽然最终以悲剧收场，但是我们也可以从这个案例中观察到，人类的确可以将情感投射到虚拟人身上，并期待与其有更密切的接触与互动。获得 2014 年第 80 届奥斯卡金像奖最佳原创剧本奖的电影《她》（*Her*）中，就探讨了类似的议题。

　　将小型全息虚拟管家硬件装置打造出来后，即可顺理成章地构建一个围绕此系统的平台。首先，可以让用户自由更换虚拟人角色形象，以此来建构第一个商业模式。然后，通过销售不同的角色 IP 或其配件，让用户有持续性的消费行为与新鲜感。此系统所串接的云端软件服务，如天气、新闻、股市、电子书等信息也可以变成订阅制来盈利。最后，终端使用者就算不愿在软件方面多付费，企业也同样可以在此系统串接广告信息，从而让第三方品牌有产品曝光的新渠道。

　　总体来说，这是一个新的内容平台，通过虚拟人让智慧音箱升高一个维度，以创造不同于以往的虚拟人服务生态圈。

　　然而，在技术不断演进的今天，相信很快就能够研发出协助人类直接或者间接观看 3D 虚拟人角色与自己互动的产品，而不一定需要小型全息硬件装置这类过渡产品。最直觉的预测即 AR 眼镜，C 端使用者购买 AR 眼镜后，利用 AR 眼镜内的虚拟人 APP，即可在 AR 眼镜中看到或许是小型的，或许是等身大的虚拟人角色在自己面前，并可与之互动。期待那一天的到来，通过自然的 AR 人机界面技术互动，相信可以将虚拟人产业提升到一个新高度。

　　综观上述不同类型的虚拟人展演、IP 经营及应用方式，各自有其适合的运营方向与获益模式。相较于需要大笔资金投入的核心技术开发，以及毛利率相对较低的数字虚拟人系统开发，若有意愿向这个方面的产业进军的从业者，可以先在"下游——虚拟IP 运营"方向着手投入，相对容易实现效益最大化和风险可控化。

然而，由于技术护城河比较浅，唯一的方法是把 IP 做大做强，冲高知名度与粉丝量。但因进入门槛较低造成红海竞争者众多，若没有结合适当的营销与宣传手段，恐怕较难发挥粉丝效应，这一点需要特别关注。

第三部分

法理与伦理的双重建构

虚拟人根据其应用场景，涉及法律定性、人格权保护、知识产权保护、数据权益与安全、科技伦理合规、广告代言合规、互联网信息服务合规等各方面的法律问题。目前，中国尚未出台专门的法律法规对虚拟数字人相关法律问题进行规制和监管。

虚拟人作为数字产物，并非现实中的民事主体，因此并不享有法律意义上的权利主体所享有的各项权利。但是，它作为一个客体，尽管存在于虚拟世界，但又与现实世界密不可分。它的诞生恰恰也是为了回应现实世界的需求，并与现实世界产生联系和互动。因此，当虚拟人与现实世界发生交汇与互动，与现实世界中的民事主体产生现实联结时，就会引发各种相关的法律问题。本部分内容将从虚拟人所涉及的产业政策与法律监管、人格权、知识产权、专利、"中之人"的法律问题、合规问题等方面，介绍与虚拟人相关的法律问题。

第 7 章　镜像世界的通行证

7.1　虚拟人的产业政策与法律监管

虚拟人涉及的集成电路、人工智能、虚拟现实和增强现实等数字产业一直是近年来国家大力推广和发展的数字经济重点产业。伴随着虚拟人产业的爆发式增长，越来越多的国家和部门的产业政策中也出现了针对虚拟人的相关内容，如表 7-1 所示。

表 7-1　关键性国家产业政策

序号	名称	发布单位	重点相关内容
1.	《"十四五"数字经济发展规划》（2022 年 1 月）	中华人民共和国国务院	打造智慧共享的新型数字生活……创新发展"云生活"服务，深化人工智能、虚拟现实、8K 高清视频等技术的融合，拓展社交、购物、娱乐、展览等领域的应用……推广智慧导览、智能导流、虚实交互体验、非接触式服务等应用
2.	《广播电视和网络视听"十四五"科技发展规划》（2021 年 10 月）	中华人民共和国国家广播电视总局	加快推进直播体系技术升级……推动虚拟主播、动画手语广泛应用于新闻播报、天气预报、综艺科教等节目生产，创新节目形态，提高直播效率和智能化水平。虚拟主播。面向新闻、综艺、体育、财经、气象等电视节目，研究虚拟形象合成技术，包括 2D 虚拟形象的合成、3D 虚拟形象的驱动、虚拟引擎构建、语音驱动、动作捕捉、面部表情捕捉等技术，提升节目制作效率及质量；同时探索短视频主播、数字网红、直播带货等虚拟形象在节目互动环节中的应用，增加个性化和趣味性。

（续表）

序号	名称	发布单位	重点相关内容
2.	《广播电视和网络视听"十四五"科技发展规划》(2021年10月)	中华人民共和国国家广播电视总局	人物档案数字化。面向体育、新闻、综艺节目、历史档案等电视节目，研究结合人脸识别、人体识别、声纹识别的多模态人物结构化与剪辑生成技术，提升关键人物识别效果，为建立人物数字档案、开展媒体痕迹检索提供技术支撑
3.	《中华人民共和国国民经济和社会发展第十四个五年规划和2035年远景目标纲要》(2021年3月)	中华人民共和国国务院	推动三维图形生成、动态环境建模、实时动作捕捉、快速渲染处理等技术创新，研发虚拟现实整机、感知交互、内容采集制作等设备，开发工具软件，制定行业解决方案
4.	《关于促进文化和科技深度融合的指导意见》(2019年8月)	中华人民共和国科技部、中央宣传部、中央网信办、财政部、文化和旅游部、广播电视总局	加强智能科学、体验科学等基础研究，开展语言及视听认知表达、跨媒体内容识别与分析、情感分析等智能基础理论与方法研究，开展人机交互、混合现实等关键技术开发，推动类人视觉、听觉、语言、思维等智能技术在文化领域的创新应用

除了相关的产业鼓励政策，近两年我国也开始从立法层面对虚拟人所涉及的相关法律问题进行规定。目前，这些规定散落在相关监管机关的各类监管规定中，在立法层面尚未形成一个专门的有针对性的法律法规或部门规章。具体而言，相关规定如下。

（1）2020年11月，国家互联网信息办公室发布了《互联网直播营销信息内容服务管理规定（征求意见稿）》，其中规定"直播间运营者、直播营销人员使用其他人的肖像作为虚拟形象从事互联网直播营销信息内容服务的，应当征得肖像权人同意，不得利用信息技术手段伪造等方式侵害他人的肖像权。对自然人声音的保护,参照适用前述规定。"涉及展示虚拟形象的,"直播营销平台应当加强新技术、新应用、新功能的上线和使用管理,对利用人工智能、数字视觉、虚拟现实等技术展示的虚拟形象从事互联网直播营销信息内容服务的,应当以显著方式予以标识,并确保信息内容安全。"

(2) 2022 年 6 月 8 日,国家广播电视总局、国家文化和旅游部印发《网络主播行为规范》。其中第一条明确规定:"通过互联网提供网络表演、视听节目服务的主播人员,包括在网络平台直播、与用户进行实时交流互动、以上传音视频节目的形式发声出镜的人员,应当遵照本行为规范。利用人工智能技术合成的虚拟主播及内容,参照本行为规范。"

(3) 2022 年 11 月 25 日,国家互联网信息办公室、中华人民共和国工业和信息化部和中华人民共和国公安部联合发布了《互联网信息服务深度合成管理规定》,并于 2023 年 1 月 10 日正式生效。该规定主要对深度合成服务提供者、技术支持者在人脸生成、替换、操控等深度合成技术方面做出了规范,明确了深度合成信息内容标识管理制度和深度合成服务提供者的主体责任。

当然,除了上述相关产业政策和相关部门的规章制度,虚拟人所涉及的法律问题还会受到现有《民法典》《中华人民共和国著作权法》《中华人民共和国商标法》《中华人民共和国广告法》等相关法律法规的约束,如接下来要讨论的人格权、知识产权等问题。

7.2 虚拟人的人格权问题

人格权是民事主体享有的生命权、身体权、健康权、姓名权、名称权、肖像权、名誉权、荣誉权、隐私权等权利。虚拟人存在于虚拟世界而非现实世界中，不属于《民法典》所规定的自然人、法人和非法人组织这三类民事主体，其本身不享有人格权，但是在其商业化运营过程中会涉及其他民事主体的人格权问题。本节，我们将从姓名权、肖像权、名誉权和隐私权的角度入手，简要介绍虚拟人涉及的相关人格权问题。

1. 姓名权（或名称权）

《民法典》规定，自然人享有姓名权，法人、非法人组织享有名称权。对于笔名、艺名、网名、译名、字号、姓名和名称的简称等，如果具有一定社会知名度，被他人使用足以造成公众混淆的，也参照适用姓名权和名称权保护的有关规定。虚拟人所涉及的有关姓名权或名称权问题，可以从以下两个角度讨论。

（1）虚拟人本身是否具有姓名权或名称权。如上文所述，法律上，虚拟人作为非民事主体，本身并不享有民事主体享有的姓名权或名称权。那么，虚拟人的名称在法律上是否有可能受到保护呢？答案是，可以参照法人或非法人组织的名称进行保护。在实操中，虚拟人的名称可视具体情况作为作品名称、注册商标等，在现有的知识产权法律体系（如《著作权法》《商标法》）下进行保护，以防止被他人抄袭、冒用。当然，这里面有个概念需要明确一下，即虚拟人的名称虽然可以作为作品名称、注册商标等知识产权的客体得到保护，但是虚拟人本身并非权利主体，权利主体是将虚拟人的名称作为作品名称、注册商标等提交注册获得相关知识产权的民事主体，即《民法典》所规定的自然人、法人和非法人组织这三类民事主体中的一类或几类。

（2）虚拟人的名称是否会对民事主体的权利造成侵犯。如果虚拟人的名称造成对其他自然人的身份混淆，或造成对其他法人、非法人组织名称归属上的混淆，则可能会侵犯这些民事主体的姓名权或名称权。2022 年 4 月 11 日，最高人民法院发布了《民法典》颁布后的人格权司法保护典型民事案例，其中"AI 陪伴"软件侵害人格权案（（2020）京 0491 民初 9526 号）明确了自然人的人格权及其虚拟形象。被告系一家人工智能软件开发公司，擅自使用原告（知名主持人何某）形象创设虚拟人物，未经同意使用原告姓名、肖像，设定涉及原告人格自由和人格尊严的系统功能，构成对原告姓名权、肖像权、一般人格权的侵害。

2. 肖像权

与"姓名权或名称权"一样，虚拟人所涉及的肖像权问题，也可以从两个角度进行讨论。

（1）虚拟人的形象是否可以像自然人的肖像权一样得到法律保护？虚拟人作为非民事主体，不具有民法意义上的肖像权，但其形象可以通过作品、注册商标或者外观设计的方式得到保护。相关权利主体可以将虚拟人的形象作为美术作品，注册为商标或外观设计，从而获得知识产权法的保护。

（2）虚拟人的形象是否会侵犯他人的肖像权？从产业应用角度出发，虚拟人可分为三种：第一种是身份型虚拟人，强调身份性；第二种是内容（IP）型虚拟人，强调原创内容性与 IP 打造的品牌度；第三种是服务型虚拟人，强调其功能性，兼具关怀感和真实感。无论前述哪种分类应用，只要虚拟人以真人为原型并具备可识别性，就会涉及对应自然人的肖像权。

根据《民法典》的规定，除为个人学习、实施新闻报道、依法履行职责、展示特定公共环境、维护公共利益等合理使用情形外，制作、使用、公开肖像权人的肖像均须经过肖像权人同意，并且任何组织或者个人不得以丑化、污损，或者利用信息技术手段伪造等方式侵害他人的肖像权。

《民法典》进一步将肖像定义为"通过影像、雕塑、绘画等方式在一定载体上所反映的特定自然人可以被识别的外部形象"。其中，可识别性指通过某种技术手段再现的个人肖像可被辨认为具体的某个人，通常作为判断该形象是否为肖像的最关键要素。在不同类型的侵权案件中，法院判定是否具有可识别性时有不同的判定标准。例如，在最高院公布的"知名艺人甲某肖像权、姓名权纠纷案"中，案涉文章中的肖像剪影在结合文章其他内容情况下，具有明显的可识别性，因此构成对原告肖像权的侵害。在涉及短视频平台的侵权案件中，如果用户发布的图像里具有让普通社会公众联想到某人的特征，能让他们辨认出该图像是某人，即可认定该图片具有可识别性，从而认定该用户行为指向某人。因此，如果一个虚拟人的形象能够让普通民众联想并辨认出某人，那么即具备了可识别性，制作、使用或公开该虚拟人形象就应当取得肖像权人的同意。

伴随着技术的发展，我们还在越来越多的场合看到了逝去人物的"再现"，满足了大众对人物追忆、情感寄托和精神追求的需求。对于此类已过世肖像权人的肖像使用，如果肖像权人在生前已对其肖像使用明确表示许可，并对许可期限、对价等做出约定，且上述许可仍在期限内的，则依约使用并无不妥。使用肖像权涉及的应付对价应当作为肖像权人遗产，适用民事继承的相关规定。若肖像权人的肖像受到侵害，则其配偶、子女、父母，或其他近亲属有权依法请求行为人承担民事责任。如果肖像权人生前并未就其肖像使用做出任何许可，他人未经许可且并非法定情形使用该肖像权人肖像的，构成对其肖像的侵犯，其配偶、子女、父母，或其他近亲属亦有权依法请求行为人承担民事责任。

继承人是否有权就商业化使用肖像权人肖像做出许可，由于没有明确的法律规定，目前尚存一定争议。肯定观点认为，对于已逝肖像权人，其肖像权中可实现而待实现的财产利益，仍可由配偶、子女、父母，或其他近亲属继承并通过许可商业化使用来实现；他人经配偶、子女、父母，或其他近亲属等继承人许可的，可依法使用该等肖像。例如，江苏卫视 2022 跨年演唱会即使用了虚拟合成技术，由"再现的邓丽君"与周深共同完成了《大鱼》《小城故事》和《漫步人生路》三首歌曲合唱，该晚会的统筹是邓丽君文教基金会，邓女士的兄长担任该基金会董事长。该授权是由邓丽君文教基金会和其兄长邓长富依法做出的。

3. 名誉权

根据《民法典》的规定，名誉是对民事主体的品德、声望、才能、信用等的社会评价。任何组织或者个人不得以侮辱、诽谤等方式侵害他人的名誉权。元宇宙使得真人在虚拟世界建立"分身"，对照现实建立起"映射"，由虚拟人作为基本单元，代替真人在元宇宙中交流、交往，也表达情绪、表露好恶，可能被赞美、被中伤，触及虚拟人乃至对应真人的"名誉"。例如，在徐某某、葛某某等名誉权纠纷案①（（2021）赣0981民初6464号）中，审理法官从四个方面确定虚拟主体与民事主体的对应性：一是虚拟主体所呈现出的个人特征，二是虚拟人物与现实人物的具体生活、工作环境及人物之间的相互关系等，三是当事人线上线下活动的具体内容等，四是一般的社会公众认知。

虚拟空间评价同样属于民事主体的名誉利益。现实民事主体作为网络虚拟主体权益的载体，其在虚拟网络受到的侵害同样会降低现实生活中公众对该主体的社会评价，对其产生精神损害。因此，虽然虚拟人本身不享有名誉权，但如果民事主体自身或通过虚拟身份实施的行为导致其他民事主体或其他虚拟身份对应的民事主体社会评价降低，则可能涉及侵犯他人名誉权，实施该行为的民事主体需承担相应的法律责任。

4. 隐私权

目前，有多款国内外软件已经开发出"捏脸"技术，可以捏

---

① 相关资料或详细数据可参阅《人民法院报》2022年6月9日发表的文章《短视频平台中虚拟主体的名誉侵权判定——江西丰城法院判决徐某某诉葛某某、曾某某名誉权纠纷案》。

出世界上另一个"我"，打造真人的"分身"。例如，在 Unreal Engine 开发的 MetaHuman Creator 应用中，用户可以上传第三方建模软件中创建的 3D 本人脸部模型，并在应用中对视频进行截图，追踪面部特征，调整取景并锁定，最后访问"身体"组件，设置身高等偏好，从而由网格体转为 MetaHuman，生成自己的孪生虚拟人[①]。此类虚拟人的制作需要全方位收集面部特征信息等私密信息和生物识别信息。对于该类信息的收集、使用和处理，第三方建模软件公司、虚拟人制作公司都应当首先征得该用户的同意（如果用户上传的是他人的生物信息，则还需要取得该自然人的同意），在其同意的范围内实施，并不得泄露、篡改或向他人非法提供，否则可能涉及侵犯他人隐私权，违反法律对个人信息保护的规定，并承担相应的法律责任。

5. 未来：虚拟人的"人格权"

伴随着技术的发展，身份型虚拟人，特别是作为现实民事主体的数字分身，越来越多地承载着人格权在虚拟世界的延伸，也面临着在现实世界同样可能遭遇的矛盾与冲突。例如，2021 年 12 月，在 Meta 公司元宇宙平台"Horizon Worlds"测试期间，一名女性测试者称她在虚拟世界里遭到了性骚扰，有一个陌生人试图在广场上"摸"自己的虚拟角色，由于虚拟人物的接触，能使玩家手中的控制器产生振动，受害者感到非常不适[②]。以我国现行法律为例，对于此类发生在虚拟世界的违背"受害人"意愿的虚拟

---

① 相关资料或详细数据可参阅 Unreal Engine 官方教程视频。

② 相关资料或详细数据可参阅 36 氪 2022 年 6 月 1 日发表的文章《元宇宙玩家被"性侵"，扎克伯格太着急》。

身体接触，现行刑法无法规制，受害虚拟人对应的现实民事主体仅有可能向实施加害行为的虚拟人对应的现实民事主体主张人格权侵权责任。

另有一则新闻来自英国《每日邮报》的报道：英国人工智能专家卡特里奥娜·坎贝尔（Catriona Campbell）预测 50 年后虚拟孩子将会普及，这些由计算机生成的虚拟孩子将只存在于元宇宙中，能与用户玩耍拥抱，甚至与用户"长得很像"；人们会用上可以模拟身体接触的高科技手套，这将使人们能像现实中那样，与虚拟孩子一起玩游戏，例如搭积木、玩拼图、抛皮球，并且还能给虚拟孩子喂食，拥抱他们，从而增强与虚拟孩子的互动性[①]。倘若游戏中的其他用户对这些"虚拟孩子"进行伤害，用户是否能够要求加害人承担民事侵权责任或刑事责任？待到未来技术发展趋于成熟，元宇宙基建更为完善的时候，是否给予特定虚拟人一定的人格权益，以化解现实法律可能无法延伸、触及甚至评价的尴尬？伴随着科学技术的发展，未来法律将会做出怎样的回应，我们拭目以待。

[①] 相关资料或详细数据可参阅前瞻网 2022 年 6 月 1 日发表的文章《英国专家：50 年后虚拟孩子将普及，可以和你玩耍、拥抱》。

第 8 章 谁来保护虚拟人

8.1 虚拟数字人的知识产权保护

如上一章所述，虚拟人的名称形象可以通过《中华人民共和国著作权法》《中华人民共和国商标法》等相关知识产权法律进行保护。作为一种虚拟产品，虚拟人的创作和生成依赖计算机图形学、图形渲染、动作捕捉、深度学习、语音合成等多种技术手段，倾注了开发者的劳动成果和智慧，具有可观的经济价值，同时其存储于特定的网络空间，具备一般意义上"虚拟"的属性。因此，从属性上，虚拟人属于虚拟财产，理应受到法律保护。当然，目前关于虚拟财产的权利归属的界定尚存争议。本文将聚焦知识产权这一视角，探讨虚拟人及其运营方的知识产权保护问题。

1. 商标

申请注册商标通常是虚拟人运营方知识产权布局的第一步。我国《中华人民共和国商标法》规定，包括文字、图形、字母、数字、三维标志、颜色组合和声音等，以及上述要素的组合，只要具备商品上的区分性，便可作为商标申请注册。以虚拟 KOL "翎" / "LING" 为例，根据在公开渠道的检索，其运营公司——北京次世文化传媒有限公司对"翎""LING"等虚拟数字人名称相关的文字、拼音、字母、图形和前述组合均已申请了注册商标。

在商标申请客体的选择上，目前虚拟人的运营方大多仅着眼于对虚拟人"角色名称"的保护。实际上，一个更为全面的策略是采取全要素布局：除角色名称外，对虚拟人的视觉形象、声音等均可以尝试进行商标申请。在商标申请类别的选择上，鉴于我国《中华人民共和国商标法》所认定的侵犯注册商标专用权之情形基本仅限于在同种或类似商标上使用与注册商标相同或近似的商标。因此，运营方可以扩大申请商标类别的所涉领域，结合运营方目前及未来虚拟人的运营模式及商业变现方式，除布局申请于常见的第9类（科学仪器）、第35类（广告销售）、第38类（通信服务）、第41类（教育娱乐）、第42类（设计研究）等类别外，还可进一步布局于第18类（皮革皮具）、第21类（日用器具）、第25类（服装鞋帽）等类别，以尽量避免未来商业化变现时的潜在商标纠纷。

现实中，部分运营方在对虚拟人名称等要素进行商标申请时，可能会因与先前的商标冲突而被驳回。因此，在IP孵化阶段，在对虚拟人的名称及外观形象进行选择时，运营方应提前做好对先前已注册或使用的同类商标的尽职调查，从源头把控潜在的侵权风险；在IP运营阶段，运营方应尽早按全要素布局的原则推进相关商标的申请工作。若涉及第三方已抢注与角色名称相关的商标，虚拟人运营方可通过提起商标异议的方式主张在先权利和权益①。如国家知识产权局2019年度十大商标异议典型案例之一的"洛天依LUOTIANYI"商标异议案中，异议决定表明"角色名称'洛天依'具有较强的独创性和限制性，经宣传已具有较高的知名度，

---

① 相关资料或详细数据可参阅《中华人民共和国商标法》第32条，申请商标注册不得损害他人现有的在先权利，也不得以不正当手段抢先注册他人已经使用并有一定影响的商标。

被异议人申请注册'洛天依 LUOTIANYI'商标的行为不当利用了异议人创立角色的知名度及影响力,损害了异议人'洛天依'角色名称的权益,构成《中华人民共和国商标法》第 32 条规定的'申请商标注册不得损害他人现有的在先权利'之情形。"

2. 著作权

对虚拟人从著作权的维度进行保护,也是目前常见的知识产权保护方式之一。与此同时,在著作权领域,虚拟人运营方也需关注创作和经营过程中所需获得的前序授权。

(1) 虚拟人的视觉形象

①视觉形象的著作权

虚拟人的视觉形象制作需要依靠建模技术,目前主流的建模技术可大致分为采集真实人脸信息并进行手绘或 CG 建模,或无须采集人脸信息即可进行的人工智能建模。虽然建模技术有所不同,但经过建模后所生成的虚拟人的视觉形象如满足"以线条、色彩或者其他方式构成的有审美意义的平面或者立体的造型艺术作品"[①],则可被认定为"美术作品",著作权属于直接创作该美术作品的自然人或可视为作者的法人[②]。例如,在(2020)粤 0192

[①] 相关资料或详细数据可参阅《中华人民共和国著作权法实施条例(2013 年修订)》第四条,著作权法和本条例中下列作品的含义:(八)美术作品,是指绘画、书法、雕塑等以线条、色彩或者其他方式构成的有审美意义的平面或者立体的造型艺术作品。

[②] 相关资料或详细数据可参阅《中华人民共和国著作权法(2020 年修订)》第 11 条,著作权属于作者,本法另有规定的除外。创作作品的自然人是作者。由法人或者非法人组织主持,代表法人或者非法人组织意志创作,并由法人或者非法人组织承担责任的作品,法人或者非法人组织视为作者。

民初 46388 号一案中，法院认为展现"yoyo 鹿鸣"外观形象的作品"以线条、色彩及其组合呈现出富有美感的形象和艺术效果，体现了个性化的表达，作品具备独创性，同时也体现了一定的艺术美感，属于我国《中华人民共和国著作权法》意义上的美术作品"[①]。

因此，虚拟人的运营方一方面应与直接参与虚拟人视觉形象创作的公司员工签署明晰的职务作品知识产权归属协议；另一方面应尽早进行著作权保护布局，于 IP 孵化初期便将虚拟人的视觉形象作为美术作品进行著作权申请。同时，若用于虚拟人视觉形象建模的原始数据来源于艺术家的画作等第三方主体，则需取得该等前序知识产权人的授权。此外，若虚拟人的故事剧本、特定剧情、服饰妆效等具有独创性和特别保护价值，运营方亦可尝试对此申请著作权。

②真人转化型虚拟人

本文所称的"真人转化型虚拟人"是指以明星真人的视觉形象为基础，通过对其重要特征的提取和使用，使得所创造出的虚拟人具有与明星真人相类似的形象。该等类似足以使受众识别出该虚拟人所参照的明星真人，产生对应关系，如以易烊千玺为原型的虚拟人"千喵"、以黄子韬为原型的"韬斯曼"。对真人转化型虚拟人的形象创作需重点关注所参照真人的人格权益，对运营方而言，为避免潜在的侵权风险，需取得明星真人或其父母、配偶、子女或其他近亲属，或其所属经纪公司对明星肖像权等人格权的充分授权。

---

① 相关资料或详细数据可参阅（2020）粤 0192 民初 46388 号民事判决书。

此外，部分虚拟人所参照的基础形象并非明星真人，而是文字作品、美术摄影作品等现有作品中已存在的角色，如虚拟人"叶修"便由网络小说《全职高手》中的主角转化而成。针对该情形，虚拟人运营方对该等人物形象的使用构成对原文字作品、美术作品、摄影作品等的改编，新创作出的人物形象 IP 将归改编者所有，但需取得原作品著作权人的授权。

（2）虚拟人商业化过程中的作品

随着虚拟人商业运营模式的不断创新，以虚拟人为基础的音乐歌曲、MV、短视频、话剧等作品层出不穷，成为虚拟人流量提升的财富"密码"，如 bilibili Up 主柳夜熙在其官方账号发布了多个短视频作品，最高的一支短视频观看量超 420 万次。

从实务中的商业化案例来看，以虚拟人为基础进行创作的作品可大致分为视听作品、音乐作品和舞蹈作品三类（暂不包括 AI 自动生成的作品，我们将在本文的最后一部分单独讨论 AI 自动生成作品的著作权归属），运营方可作为该等商业作品的著作权人或录音录像制作者等邻接权人对该等作品进行保护。在满足《中华人民共和国著作权法》"独创性"要求的前提下，虚拟人"演绎"的相关歌曲、MV、短视频作品及直播形成的存储文件等可作为视听作品，由运营方与编剧、导演、摄影、作词、作曲等相关方约定著作权的归属。对于商业化过程中形成的歌曲，如虚拟偶像团体 A-SOUL 发行的单曲 *Quiet*《超级敏感》等，可以作为独立音乐作品受《著作权法》的保护。若虚拟人的舞蹈动作与姿态等符合独创性要求，则可作为舞蹈作品受到《中华人民共和国著作权法》

的保护[1]。

（3）虚拟人的软件和算法保护

虚拟人依赖于计算机软件和相关的算法，在人工智能建模、图像生成、内容分析与生成方面均有涉及。无论是生成全新的视觉形象，还是以已经存在的以形象为基础的真人转化型虚拟人，相关的语音生成、动画生成及合成显示都需要通过计算机软件进行处理。在功能更加丰富、互动性较强的虚拟人中，可能还存在更高级的算法对捕捉到的语音、图像、动作进行识别，并在分析的基础上进行回应决策，相关过程可能涉及对识别、决策模型的搭建和训练。以上过程中所涉及的代码可以作为计算机软件受到《中华人民共和国著作权法》的保护，相关算法还可以商业秘密的形式进行保护。

在虚拟人生成的过程中，亦有可能涉及开源软件的使用，如FACEGOOD 开源了其语音驱动口型的算法技术 Audio2Face[1]，大大降低了 AI 数字人的开发门槛。在使用开源技术进行虚拟人开发时，需注意遵循相关开源许可证的规定。尽管上述 Audio2Face 适用了宽松型开源许可证 MIT[2]，在使用时限制较少，但如果遇到GPL（General Public License，通用公共许可协议）[3]等具有传染性的开源许可证，则应进一步考量是否使用相关开源软件及具体使用方式，以免自研代码需要承担强制开源的义务。

---

① 相关资料或详细数据可参阅 GitHub 官网关于 FACEGOOD-Audio2Face 的资料。
② 同上。
③ 如自研代码包含并分发了 GPL 协议开源的软件，则自研代码亦需以 GPL 协议开源。

（4）AI 虚拟人所生成的内容归属

在当前技术背景下，AI 虚拟人"画家"已经可以根据用户的要求即时创作美术作品，虚拟人"作家""歌手"可轻松写诗、作曲，与真人创作毫无二致。对于此类 AI 虚拟人经过算法学习而自动生成的内容归属，学术界和实务界已有讨论，但尚未达成统一意见。例如，在 2020 年北京互联网法院涉网著作权八大典型案例之三的（2018）京 0491 民初 239 号案件（"北京案件"）[①]，以及 2020 年深圳知识产权司法保护创新案例之三的（2019）粤 0305 民初 14010 号案件（"深圳案件"）[②]中，两个法院对于人工智能生成内容的法律性质及利益分配这两个问题的看法存在分歧，具体如下。

①对于生成内容的法律性质认定，两法院在对人工智能生成内容的性质讨论中均认可唯有"体现人类智力创作"的内容方能定义为我国《中华人民共和国著作权法》中所保护的作品。两法院的分歧之处在于：人工智能得以自动生成内容物需相关人员提前设定运行程序、选择运行方式，那么相关人员的前述智力投入及付出是否可被视为对相关作品的"智力创作"[③]？对此，深圳法院认为答案是肯定的，据此认定相关软件的操作团队所形成的整体智力创作完成了作品；而北京法院认为答案是否定的[④]，认为在

[①] 相关资料或详细数据可参阅（2018）京 0491 民初 239 号民事判决书。

[②] 相关资料或详细数据可参阅（2019）粤 0305 民初 14010 号民事判决书。

[③] 相关资料或详细数据可参阅《中华人民共和国著作权法》第三条，本法所称的作品，是指文学、艺术和科学领域内具有独创性并能以一定形式表现的智力成果。

[④] 相关资料或详细数据可参阅华东政法大学王迁教授 2017 年 9 月 18 日在《法律科学》杂志发表的文章《论人工智能生成的内容在著作权法中的定性》，文中表示法院认为涉案报告系相关人工智能利用输入的关键词与算法、规则和模板结合形成，而非自然人直接创作。

相关内容的生成过程中，软件研发者（所有者）的行为并非创作行为，相关内容并未传递其思想、感情的独创性表达，不应成为计算机软件智能生成内容的作者，该内容亦不能构成作品。

②对于虚拟人生成内容的利益分配，深圳法院结合前述对操作团队智力投入的认可，并综合考虑涉案文章的责任承担主体，最终认定涉案文章是人工智能的运营方主持创作的法人作品，由其享有相关权益；而北京法院认为软件研发者（所有者）及使用者均不应享有软件自动生成内容的著作权，但从利于文化传播和价值发挥的角度将该生成内容的权益赋予了软件使用者，虽软件使用者不能以作者身份署名，但允许其采用合理方式表明其享有相关权益。但该案件未进一步明确软件使用者究竟对AI自动生成内容享有何种权益及其可采取何种具体的方式来表明自身权益。

鉴于AI自动生成内容的性质及归属仍存在较大争议，运营方在实际运营中应密切关注相关法律和司法裁判动向，在法律确有定论前通过合同约定的方式维护自身利益。运营方可在用户协议中明确约定，由AI自动生成的内容其著作权均由运营方所有，或在与用户互动的每一具体场景中明确告知相应自动生成内容的权利归属于用户或运营方所有（但用户有权免费使用）等安排。

8.2 专利

技术的革新是促进虚拟人产业发展的核心要素，虚拟人的发展历史，亦是CG、动作捕捉、NLP、CV、语音合成等技术的发展与集成史，基础层、平台层、应用层均涉及大量的软硬件技术。

目前，国内各大互联网企业、人工智能企业致力于在技术迭代、成本优化、效用提升等方面拓展自己的产业竞争优势，而通过申请专利的方式保护核心技术是虚拟人从业者保持竞争优势的手段之一。根据数字经济决策服务平台发布的《中国数字人专利榜单》的不完全统计，截至 2021 年底，中国机构在国内共申请了 1322 项涉及虚拟人的专利，共计有 58 家机构的专利获得授权，企业涉及科技巨头、高校、虚拟人领域企业及银行等[①]，技术领域涵盖了计算机视觉、智能语音、自然语言处理、CG 建模、VR、AR、MR 等。

在虚拟人技术研发的过程中及时进行专利挖掘及专利布局，注重保护自身的创新成果十分重要。运营方应当在申请专利之前避免公开重要技术；做好查新检索，确保拟申请的目标技术方案具有可观的授权前景。在专利类型上，考虑到虚拟人领域，尤其是涉及平台层及应用层领域的大量技术革新涉及算法、驱动方式、交互方法等，建议在进行相应的发明类专利申请时，尽量将方法依托于硬件装置、储存介质、平台或终端，且尽量采用单侧撰写的方式。此外，运营方也可以递交外观设计专利来保护类似于虚拟人的形象或者与其有关的用户界面。目前，在国内已有不少涉及虚拟人的用户界面及相关的专利，以保护虚拟人的外形、聊天动作、语音播报等。在专利申请方式上，可采用"国内申请+PCT申请"的模式，在 PCT 申请中，指定未来目标市场国家和地区，建立广泛全面的专利保护体系。

---

① 相关资料或详细数据可参阅搜狐网 2022 年 5 月 18 日发表的文章《中国数字人专利榜单》。

8.3 "中之人"的法律问题

如本书在前几章所提到的，所谓"中之人"，来源于日语"中の人"，指操纵虚拟主播进行直播的人，也泛指任何提供声音来源的工作者①。

在具有交互功能的虚拟人中，根据是否有自然人驱动，可分为智能驱动型和真人驱动型。为了满足虚拟偶像等虚拟人的交互性，目前商业场景中往往由真人穿戴动作捕捉设备，驱动虚拟偶像进行唱跳，虚拟偶像以直观形式满足受众期待，"中之人"则在背后提供动作、表情、声音等数据。虽然"中之人"没有直接面对受众，但其语言、动作、风格本身是虚拟人吸引粉丝的重要因素，因此"中之人"所涉及的相关法律问题也是运营方需要关注的问题。这其中主要包括两方面的法律问题：一个是"中之人"的隐私权问题；另一个是"中之人"与运营方的法律关系问题。

1. "中之人"的隐私权问题

为了保证虚拟偶像的"人设"，"中之人"的身份信息通常会被制作方/运营方严格保密，但不乏狂热粉丝会对"中之人"进行"人肉搜索"，并将"中之人"的信息公开，网称"开盒"。例如，某虚拟主播的"中之人"曾被人肉出姓名、照片、学校名字，上述信息被制成海报，张贴在街道②；另一虚拟主播自述被人肉到家

---

① 相关资料或详细数据可参阅百度百科关于"中之人"的定义。
② 相关资料或详细数据可参阅 bilibili 网站 2019 年 11 月 12 日发表的《遇到了跟踪狂的月之美兔》相关视频。

人信息，并被以"开盒"威胁敲诈勒索。虚拟人背后的"中之人"，作为现实世界真实存在的自然人，具有民事权利能力，其个人信息当然受到法律保护。"开盒"行为涉及对"中之人"的隐私权和个人信息的侵犯，而若以公开个人信息为要挟进行敲诈勒索，则涉嫌构成《中华人民共和国刑法》下的侵犯公民个人信息罪和敲诈勒索罪。

2. "中之人"与运营方的法律关系问题

驱动虚拟偶像演出的"中之人"，与虚拟偶像运营公司之间签署的合同类型，可以是劳务合同、劳动合同或者经纪合同。

如果签署劳务合同，那么双方只存在经济关系，彼此之间无人身从属性，也不存在行政隶属关系，双方主要基于民事法律关系自主协商订立合同。劳动者提供劳务服务，用人单位支付劳务报酬，各自独立，地位对等。产生纠纷后，双方可以协商解决或通过诉讼方式解决，而无须像劳动合同必须经过劳动仲裁这个法定的行政程序。

如果签署劳动合同，那么双方主体间不仅存在经济关系，还存在着人身隶属关系，受到国家有关劳动关系的法律体系的强制性管辖约束。劳动者作为用人单位的内部职工，除了按照合同约定提供劳动，还要接受用人单位的管理，服从并遵守其规章制度等，同时用人单位也要按照法律的强制性规定履行特定的义务，如为劳动者提供劳动保护和适当的工作条件，缴纳社会保险，支付的工资不能低于政府规定的当地最低工资标准，法定赔偿等。

如果签署经纪合同，那么同劳务合同一样，双方之间主要基于民事法律关系自主协商订立合同，不存在人身从属关系。具体而言，"中之人"和运营公司之间可以参照真人艺人与经纪公司签署经纪合同，内容通常包含虚拟偶像/"中之人"的商业运作、演出安排、包装等多方面内容，具有居间、代理、行纪等综合属性[①]。下面仅就经纪合同这一合同形式做简要介绍。

除合同常规条款如合同期限、争议解决、违约责任外，经纪合同还应包括至少以下几方面核心内容。

（1）公司方的权利和义务。例如，要求"中之人"全力协助、配合及参加由公司方安排或策划的各项企划、宣传、表演及活动等。此外，与一般的演艺经纪合同类似，公司方通常会明确有关虚拟偶像/"中之人"所有演艺事务（不论是否作为"中之人"）的一切事宜交由公司方全权、独家处理。

（2）"中之人"的职责义务，包括具体工作内容、排他性义务等。特别地，如若"中之人"与运营公司均无建立劳动关系的合意，在演艺经纪合同中应注意措辞，以避免被认定为双方存在劳动关系。具体而言，首先，应注意避免双方人身从属性的表述，例如"'中之人'必须遵守公司的劳动/员工管理制度"等强工作管理要求；其次，在收入分配方面，应避免"中之人"被认定为具有经济从属性，如果"中之人"的收入均来自公司指派的工作任务和全勤奖励，则可能被认定为"中之人"对公司具有经济从属性。

（3）收入分配条款。约定公司与"中之人"之间关于演艺收

---

① 相关资料或详细数据可参阅（2017）京 03 民终 12739 号法律判决书。

入分配,以及支付安排、税负处理等事项。

(4)保密条款,规定"中之人"对工作内容和一切演出事项进行严格保密,以及公司方对"中之人"的相关信息进行保密。保密条款既是出于维护虚拟偶像人设,避免与"中之人"产生关联并建立现实对应的需要,同时客观上也能防止"中之人"的信息外泄、隐私权和个人信息被侵犯。

(5)授权条款,包括与"中之人"相关的人格权和知识产权授权约定。

①虽然"中之人"通常不会直接出现在观众面前,故相比一般艺人,涉及姓名权、肖像权等人格权的情景较少,但鉴于经纪公司也会对旗下艺人进行多方位培养,部分"中之人"也存在转换赛道或以其自身名义进行公开表演的可能,故从经纪公司角度,应从一开始即取得"中之人"在姓名权、肖像权等方面的概括性授权。

②从"中之人"与真人驱动型虚拟数字人之间的"合作"模式看,若虚拟主播在"中之人"的驱动下唱歌、跳舞,"中之人"能否因其演唱歌曲、肢体舞动而享有表演者权?尽管目前该问题未有相关法律规定或司法案例加以确认,但一般认为表演者权的客体是表演活动,"中之人"基于个人对音乐、舞蹈作品的理解,通过肢体、表情等方式将作品内容进行了诠释和表达,可能涉及对相关作品拥有表演者权。结合目前著作权领域对表演者权利强化保护的趋势,从谨慎角度,运营方在其与"中之人"的经纪合同中应明确约定与"中之人"的合作方式及著作权归属,并特别关注"中之人"的邻接权授权,尤其在对虚拟主播直播内容进行

存储、对虚拟偶像表演进行录制及进一步商业使用的情形下，该等授权的内容应尽量包括"许可他人从现场直播和公开传送其现场表演""允许他人录音录像""许可他人复制、发行、出租录有其表演的录音录像制品""许可他人通过信息网络向公众传播其表演"等各种权益。

③艺德条款。虚拟偶像可控性高也并不意味着永不塌房，背后仍有"中之人"的不可控因素。比如 Hololive 旗下的"赤井心"和"桐生可可"两位虚拟偶像的"中之人"，连续发表两次辱华言论，最后导致 Hololive 上的所有日本虚拟偶像都被撤出了中国市场[1]。2022 年 6 月 8 日，国家广播电视总局与文化和旅游部联合发布了《网络主播行为规范》，并要求利用人工智能技术合成的虚拟主播及内容，同样遵守该规范。《网络主播行为规范》要求，虚拟偶像在网络进行直播、表演等，应当坚持正确的政治方向、舆论导向和价值取向，引导用户文明互动、理性表达，并不得侵犯他人的合法权利。网络表演、网络视听经纪机构要加强对网络主播的管理和约束，并且对违法失德的艺人不得提供公开进行文艺表演、发声出镜的机会，防止转移阵地后复出。因此，从公司方角度，应在合约中设置"艺德"条款，要求"中之人"遵守各项规范，维持个人良好形象，不得有违反法律法规、政府政策、公序良俗及主管部门（包括行业协会）要求的行为。倘若"中之人"做出可能对其或本公司的声誉等产生不利影响的任何不当行为，公司有权终止合同并要求赔偿损失。

---

① 相关资料或详细数据可参阅《澎湃新闻》2021 年 8 月 20 日发表的文章《虚拟偶像，难逃塌房》。

第9章 自律与他律

在前面，我们就虚拟人所涉及的有关人格权和知识产权问题，以及"中之人"涉及的法律问题进行了讨论，其中所涉及的法律关系主要体现为民事法律关系。本章，我们将就虚拟人在商业化运营中所涉及的合规问题进行讨论，亦即在监管层面所涉及的法律问题。本章将从三个视角来讨论虚拟人涉及的合规问题，分别是：虚拟人广告代言与直播带货中的合规问题，虚拟偶像演艺活动的合规问题，以及虚拟人深度合成技术中的合规问题。

9.1 虚拟人广告代言与直播带货中的合规问题

明星代言作为品牌方宣传其自身品牌的重要手段，一直深受品牌方的重视。但近年来明星"塌房"或负面舆论事件频发，聘请明星代言的风险和成本日益增加。于是，越来越多的品牌方开始将目光转向虚拟偶像等虚拟人，寄希望于虚拟偶像"永不塌房"的特征。此外，随着直播带货竞争趋于白热化，不少商家亦试水虚拟人直播带货，以求大幅降低成本。

那么，虚拟人是否属于法律意义上的"广告代言人"，其代言或直播带货行为是否受到广告和直播相关的法律监管？

1. 虚拟人不属于《中华人民共和国广告法》意义上的广告代言人

我国《中华人民共和国广告法》明确了广告主、广告经营者、广告发布者和广告代言人四类广告行为主体。其中，广告代言人是指广告主以外的，在广告中以自己的名义或者形象对商品及服务做推荐和证明的自然人、法人或者其他组织。如前所述，虚拟人不是法律意义上的民事主体，故其不具备现行《中华人民共和国广告法》下"广告代言人"的法律地位。但这并不意味着虚拟人代言广告的行为可以不受法律规制，其背后的广告主、广告发布者、广告经营者及虚拟形象背后的真人原型，是虚拟人代言广告行为的法律责任主体，需根据情况承担相应的法律责任。

2. 虚拟人广告代言的法律责任主体

目前出现在商业广告中的虚拟人主要分为两类，一类是以非真实人物为原型的虚拟人，如洛天依、AYAYI、柳夜熙等；另一类则是以明星、名人为基础的真人转化型虚拟人，如易烊千玺虚拟人千喵、迪丽热巴虚拟人迪丽冷巴，以及黄子韬虚拟人韬斯曼等。

对于非真人转化型虚拟人的广告代言，不构成法律意义上的"广告代言人"，应适用《中华人民共和国广告法》的规定，由广告主、广告发布者、广告经营者依法承担相关法律责任。具体而言，发布虚假广告，欺骗、误导消费者，使购买商品或者接受服务的消费者的合法权益受到损害的，由广告主依法承担民事责任；广告经营者、广告发布者不能提供广告主的真实名称、地址和有

效联系方式的，消费者可以要求广告经营者、广告发布者先行赔
偿；关系到消费者生命健康的商品或者服务的虚假广告，造成消
费者损害的，其广告经营者、广告发布者应当与广告主承担连带
责任；前述规定以外的商品或者服务的虚假广告，造成消费者损
害的，其广告经营者或广告发布者明知或者应知广告虚假仍设计、
制作、代理、发布或者做推荐、证明的，应当与广告主承担连带
责任。

虽然，尚未有虚拟人因广告代言问题而导致其背后相关联的
广告经营者、广告发布者、广告主或制作团队受到处罚的案例，
但已有案例认定了虚拟人物的所有权人作为关联关系人可以就虚
拟人物被侵权的行为主张权利。例如，在（2004）吉中民一终
字第 728 号一案①中，法院认为"网络游戏提供商的侵权行为表面
上指向虚拟人物，本质上侵犯的是现实中拥有该账户的人的利益，
因此拥有该账户的人有权为维护自身的利益提起诉讼"。

对于真人转化型虚拟人，该类虚拟人与对应的真人拥有高度
相似的外形、姓名及身份特征。很多明星、名人也都会通过公开
渠道宣布并推广自己的虚拟形象。通常，真人转化型虚拟人为产
品代言都是经过明星、名人授权许可的，且明星、名人亦会从中
获得相应报酬。尽管《中华人民共和国广告法》等法律法规尚未
明确此种情形可直接被视为明星、名人自身的广告代言行为，但
已有地方指导性规范对可以援引适用此类代言行为的情形进行了
回应。例如，上海市市场监督管理局于 2022 年 2 月发布的《商业

---

① 相关资料或详细数据可参阅（2004）吉中民一终字第 728 号民事判决书。

广告代言活动合规指引》中明确规定，"对于一些知名度较高的主体，如知名文艺工作者、知名体育工作者、专家学者、'网红'等明星艺人、社会名人等，因其具有高度身份可识别性，虽然广告中未标明身份，但公众通过其形象即可辨明其身份的，属于以自己的形象，利用了自己的独立人格进行广告代言，即使是以不为公众所熟知的其他身份，如'××体验官'等进行推荐证明，也不能改变广告代言人的身份特征"。尽管这一条直接针对的是知名度较高的主体未表明身份的广告代言行为，而不是直接针对虚拟人，但是其内在逻辑可以援引适用真人转化型虚拟人。

因此，考虑到真人转化型虚拟人与真人的高度一致性和对应性，以及真人通常授权品牌方使用该类形象的实际情况，我们倾向于认为，该类虚拟人的广告代言行为应视为其对应的真实自然人的广告代言行为，其对应自然人应承担《中华人民共和国广告法》下有关"广告代言人"的责任和义务。当然，如果对应自然人能够证明其真人转化型虚拟人的代言行为没有经过其授权的情形应该除外。

3. 虚拟人的直播带货

当消费者习惯进入直播间购买商品，给平台和商家带来流量和收入的同时，也为平台和商家带来了新的困难与挑战：当红带货主播费用高昂，聘请不起；真人主播直播带货的时间和精力有限，无法满足不同时间段的消费人群的需求……伴随着虚拟人技术趋于成熟和元宇宙赛道的火热，越来越多的平台和商家开始尝试虚拟人的直播带货。例如，在"618"大促期间，有众多知名品牌发布"618"元宇宙直播间好物清单，使用虚拟人进入直播间带货，实现品牌的多元化营销。

相较于真人主播，虚拟主播可以在直播间按照提前准备的文案进行不间断带货，不受时间和精力的限制，同时也降低了真人主播的成本和不可控性。但无论使用何种技术形式，虚拟主播带货不是法外之地，若发布的直播内容属于直接或者间接地介绍商品经营者或者服务提供者所推销的商品或者服务的，则构成商业广告①，需要遵守《中华人民共和国广告法》等法律法规。

此外，根据 2022 年 6 月 8 日国家广播电视总局、文化和旅游部联合发布的《网络主播行为规范》，利用人工智能技术合成的虚拟主播及内容，均参照《网络主播行为规范》执行。据此，就虚拟人的直播带货行为，直播销售平台、直播间运营者、直播营销人员应注意遵守《中华人民共和国广告法》《网络直播营销管理办法（试行）》《网络主播行为规范》等关于广告和网络直播的法律规定，以下从四个方面举例说明。

（1）遵守《中华人民共和国广告法》的相关规定。

广告主、广告发布者、广告经营者及虚拟数字人背后的制作团队应注意其责任和义务。在直播带货的场景下，虚拟数字人的相关制作团队或直播间运营者可能被界定为互联网广告的经营者，即接受委托提供广告设计、制作、代理服务②；而直播间运营

① 相关资料或详细数据可参阅《中华人民共和国广告法》第二条："在中华人民共和国境内，商品经营者或者服务提供者通过一定媒介和形式直接或者间接地介绍自己所推销的商品或者服务的商业广告活动，适用本法。"

② 相关资料或详细数据可参阅《中华人民共和国广告法》第二条："本法所称广告经营者，是指接受委托提供广告设计、制作、代理服务的自然人、法人或者其他组织。"

者通常又会作为发布者出现，即为广告主或者广告经营者推送或者展示互联网广告，并能够核对广告内容，决定广告发布①。相关制作团队应严格按照《中华人民共和国广告法》的规定，严格把控广告的真实性及合规性，避免出现违反《中华人民共和国广告法》的情况。

（2）进行安全评估并进行显著标识。

根据《网络直播营销管理办法（试行）》第13条的规定："直播营销平台应当加强新技术、新应用、新功能的上线和使用管理，对利用人工智能、数字视觉、虚拟现实、语音合成等技术展示的虚拟形象从事网络直播营销的，应当按照有关规定进行安全评估，并以显著方式予以标识。"直播营销平台在上线新技术、新应用时，需要对新技术、新应用做相应的安全评估，如评估新技术、新应用是否存在泄露用户信息、隐私的风险，新技术、新应用各方面的性能是否稳定等问题。同时，若存在潜在的风险问题，则需要在上线新技术、新应用的同时设置重点提醒标识，以提醒用户注意潜在的使用风险。

（3）使用他人肖像需要取得事先授权。

根据《网络直播营销管理办法（试行）》第25条的规定："直播间运营者、直播营销人员使用其他人的肖像作为虚拟形象从事网络直播营销活动的，应当征得肖像权人同意，不得利用信息技

① 相关资料或详细数据可参阅《互联网广告管理暂行办法》第11条："为广告主或者广告经营者推送或者展示互联网广告，并能够核对广告内容、决定广告发布的自然人、法人或者其他组织，是互联网广告的发布者。"

术手段伪造等方式侵害他人的肖像权。"若因违反该等规定，侵犯他人肖像权并给他人造成损害的，相关各方应依法承担法律责任。

(4) 规范虚拟人的"主播行为"，树立良好形象。

《网络主播行为规范》概括性地要求虚拟主播及内容参照该规范执行，这意味着虚拟人在进行"直播"时，也需要遵守《网络主播行为规范》的一系列要求，包括但不限于遵守宪法和法律法规规范；引导用户文明互动、理性表达、合理消费；保持良好声屏形象，表演、服饰、妆容、语言、行为、肢体动作及画面展示等符合大众审美情趣和欣赏习惯；尊重公民和法人的合法权益；遵守知识产权相关法律法规等。不过，《网络主播行为规范》的部分条款在虚拟人的场景下尚有不明确之处。例如"从事如医疗卫生、财经金融、法律、教育等需要较高专业水平直播的网络主播，应取得相应的执业资质"，这是否要求在虚拟主播制作团队中必须有具备相应资质的人士，或相关内容仅经专业人士审核通过即可，相关责任划分该如何界定，均有待监管部门进一步回应。

9.2 虚拟偶像演艺活动的合规问题

近年来，在众多虚拟人的应用场景中，虚拟偶像演出的市场规模呈现稳定增长。相较于真人偶像，虚拟偶像可控性较高，更易打造完美人设，不易"塌房"，可以极大程度地满足粉丝的心理期待。通过开办演艺活动，虚拟偶像的商业价值也能够经由粉丝经济极大变现。例如，在国内某网站于 2021 年 8 月举办的线上虚拟演唱会中，14 个虚拟偶像为观众展现唱跳内容，活动的人气峰值达600多万，开播两个小时儿平，直占据着该站直播人气榜榜首[1]。在本节中，我们将围绕虚拟偶像演艺活动中涉及的合规问题进行探讨。

1. 虚拟偶像演出应取得相关资质并履行报批手续

根据《文化和旅游部关于深化"放管服"改革促进演出市场繁荣发展的通知》（文旅市场发〔2020〕62号，以下简称"《通知》"）第二条的规定，运用全息成像、人工智能、数字视觉设计、虚拟现实等技术展示虚拟形象进行营业性演出的，应当按照《营业性演出管理条例》等有关规定办理报批手续。

而根据《营业性演出管理条例》的规定，从事营业性演出经营活动，演出经纪机构应当有三名以上专职演出经纪人员和与其业务相适应的资金，并应向省、自治区、直辖市人民政府文化主管部门提出申请营业性演出许可证，文化主管部门予以批准的演出经纪机构将被颁发营业性演出许可证。对于专职演出的经纪人员，根据《演出经纪人员管理办法》，应当通过演出经纪人员资格认定考试，取得演出经纪人员资格证，持证上岗。

鉴于虚拟偶像的演出多为线上进行，对于通过互联网提供营业性演出的经纪机构，根据《网络表演经纪机构管理办法》，网络表演经纪机构应依法取得营业性演出许可证。此外，根据《通知》，提供在线传播服务的互联网文化单位及个人直播频道，均应取得网络文化经营许可证。

---

[1] 相关资料或详细数据可参阅bilibili网站2021年9月3日发表的文章《逐渐在超出大家想象的虚拟偶像与虚拟演唱会》。

因此，虚拟偶像演出的举办方首先应具备相应的经营资质，持有营业性演出许可证，在举办演出时要履行报批手续，在线演出的举办方，应对其核实播出平台是否已取得网络文化经营许可证。

2. 演出规范

虚拟偶像演出的举办方除了应当具备相关资质并办理报批手续，还应当在演出过程中遵守相关规定，如《营业性演出管理条例》第 24 条规定："演出举办单位不得以政府或者政府部门的名义举办营业性演出。营业性演出不得冠以'中国'、'中华'、'全国'、'国际'等字样。营业性演出广告的内容必须真实、合法，不得误导、欺骗公众。"第 25 条则规定了十种禁止情形。

9.3 虚拟人深度合成技术中的合规问题

"深度合成"是虚拟人制作的关键技术之一，其主要依赖自动编码器（Autocoder）和生成对抗网络（Generative Adversarial Networks）[①]等人工智能技术提取原始数据，进行模型训练，并在训练后对数据重建合成。为了确保该等服务提供者在技术开发和使用过程中的健康有序发展，监管部门一直在摸索对深度合成等人工智能技术合规监管的方法和路径。从我国已出台的部门规章和规范性文件来看，《网络信息内容生态治理规定》《互联网信息服务算法推荐管理规定》《网络音视频信息服务管理规定》均已包含概括性地对生成合成类算法和利用深度学习、虚拟现实等新技

---

① 相关资料或详细数据可参阅腾讯研究院 2020 年 5 月 11 日发表的《AI 生成内容发展报告 2020——"深度合成"（Deep Synthesis）商业化元年》。

术、新应用制作音视频内容等进行监管的规定。国家互联网信息办公室、中华人民共和国工业和信息化部和中华人民共和国公安部于 2022 年 11 月 25 日联合发布的《互联网信息服务深度合成管理规定》（以下简称"《深度合成规定》"），进一步厘清和细化了深度合成技术的应用场景，明确了深度合成服务提供者、技术支持者和使用者的信息安全义务，并规定国家网信部门、电信主管部门和公安部门依据职责对深度合成服务开展监督检查工作，负责统筹协调全国深度合成服务治理和相关监督管理工作。

1. 深度合成技术的合规要点

根据《深度合成规定》，深度合成服务提供者是指提供深度合成服务的组织、个人，深度合成服务技术支持者是指为深度合成服务提供技术支持的组织、个人。《深度合成规定》明确要求深度合成服务提供者应落实主体责任，从技术、内容等多角度提出了对服务提供者和技术支持者的制度管理要求。结合《深度合成规定》，虚拟人的技术方应重点关注深度合成信息内容的标识问题。

《深度合成规定》对深度合成信息内容进行了分类并要求进行标识管理。若所提供的服务为具有生成或者显著改变信息内容功能的服务，可能导致公众混淆或者误认的，则深度合成服务提供者应当在生成或者编辑的信息内容的合理位置、区域进行显著标识，向公众提示深度合成情况。《深度合成规定》第 17 条列举的典型情境如表 9-1 所示。

表 9-1 《深度合成规定》的典型情境

序号	类型	典型情境	标识方式
1	提供模拟自然人进行文本生成或编辑服务	智能对话、智能写作	在文本信息内容的稿源说明处等位置进行显著标识
2	提供语音生成或者显著改变个人身份特征的编辑服务	合成人声、仿声等	在音频信息内容的合理区域以语音说明等方式进行显著标识
3	人物图像、视频生成或者显著改变个人身份特征的编辑服务	人脸生成、人脸替换、人脸操控、姿态操控等	在图像、视频信息内容的明显位置进行显著标识
4	生成或者编辑服务	沉浸式拟真场景等	在虚拟场景信息内容的明显位置进行显著标识
5	提供其他具有生成或者显著改变信息内容功能的服务	无	在文本、图像、音频或者视频、虚拟场景等的合理位置或者区域进行显著标识

若所提供的服务为其他深度合成服务的，仅需提供显著标识功能，并提示深度合成服务使用者进行标识。考虑到虚拟人依赖于多种合成技术的组合，相关运营方仍有必要高度关注显著标识义务。若运营方发现按《深度合成规定》理应进行显著标识的深度合成信息内容未被恰当标识，应立即停止传输该等信息，待整改完成后再继续进行。同时，运营方需确保前述标识的添加不影响用户的使用，并依法保存可识别、可追溯的网络日志信息。

2. 加强技术管理：建立健全算法机制机理审核，定期审核、评估、验证算法机制

在《深度合成规定》发布之前，我国已于 2021 年 12 月对包含生成合成类技术在内的"应用算法推荐技术"出台了《互联网信息服务算法推荐管理规定》（下面简称"《算法规定》"），从信息内容规范、算法技术审核、用户权益保护及服务者备案等多方面对算法推荐服务提供者提出要求。虚拟人运营方在使用生成合成类算法技术时，应遵守《算法规定》的基础内容，包括但不限于：

（1）如果构成"具有舆论属性或者社会动员能力的算法推荐服务提供者"，需在提供服务之日起 10 个工作日内通过互联网信息服务算法备案系统进行服务者备案。

（2）建立健全科技伦理审查、反电信网络诈骗及安全事件应急处置等管理制度及规则。

（3）为管理制度配备相关专业人员及技术支撑等。

而在《深度合成规定》中，亦有细化规定要求深度合成服务提供者和技术支持者加强深度合成技术管理，定期审核、评估、验证生成合成类算法机制机理；深度合成服务提供者和技术支持者提供的模型、模板等工具，如果具有对人脸、人声等生物识别信息或者可能涉及国家安全、国家形象、国家利益和社会公共利益的特殊物体、场景等非生物识别信息生成或者编辑的功能，那么深度合成服务提供者和技术支持者应当自行或者委托专业机构开展安全评估，预防信息安全风险。

除对特定算法工具需要履行安全评估要求外，《深度合成规定》第 19 条再次强调了"具有舆论属性或者社会动员能力"的深度合成服务提供者和技术支持者需要按照《算法规定》履行备案和变更、注销备案手续，且完成备案的深度合成服务提供者和技术支持者应当在其对外提供服务的网站、应用程序等显著位置标明其备案编号并提供公示信息链接。此外，《深度合成规定》第 20 条对"深度合成服务提供者开发上线具有舆论属性或者社会动员能力的新产品、新应用、新功能的"也提出了开展安全评估的要求，该规定与 2019 年 11 月出台的《网络音视频信息服务管理规定》中对"网络音视频信息服务提供者",以及 2021 年发布的《网络直播营销管理办法(试行)》中对"直播营销平台"使用虚拟形象从事网络直播营销的要求实质上是一致的。

其中,深度合成服务提供者和技术支持者何时构成具有舆论属性或者社会动员能力的算法推荐服务提供者和技术支持者尚不明确。2018 年,国家网信办的《具有舆论属性或社会动员能力的互联网信息服务安全评估规定》中将"论坛、博客、微博客、聊天室、通讯群组、公众账号、短视频、网络直播、信息分享、小程序等信息服务或者附设相应功能"均定义为"具有舆论属性或社会动员能力的互联网信息服务"。结合已生效的监管规定,考虑到目前监管部门对于"舆论属性"的宽泛定义,以及算法技术在虚拟人中的深度应用,虚拟人运营方应当密切关注立法和监管动态,在法规要求的情况下及时做好算法备案、信息公示和安全评估。

3. 使用者需实名认证,同时深度合成服务提供者应当制定并公开管理规则和平台公约,完善服务协议

要求用户进行实名认证是所有网络运营者的义务,《深度合成规定》亦进行重申,不进行真实身份信息认证的用户,深度合成服务提供者不得为其提供信息发布服务。除此之外,深度合成服务提供者应当制定并公开管理规则和平台公约,完善服务协议,以显著方式提示深度合成服务使用者履行信息安全义务,并依法依约履行相应的管理责任,以显著方式提示深度合成服务技术支持者和使用者承担信息安全义务。

4. 加强对深度合成信息内容的管理

《深度合成规定》要求深度合成服务提供者加强深度合成内容

管理，具体措施包括：采取技术或者人工方式对深度合成服务使用者的输入数据和合成结果进行审核；建立健全用于识别违法和不良信息的特征库，完善入库标准、规则和程序，记录并留存相关网络日志；发现违法和不良信息的，应当依法采取处置措施，保存有关记录，及时向网信部门和有关主管部门报告，并对相关深度合成服务使用者依法依约采取警示、限制功能、暂停服务、关闭账号等处置措施。

根据深度合成的具体应用场景，深度合成服务提供者还应遵守该领域相对应的法规。例如，虚拟人商业化经营中涉及提供互联网新闻信息服务的深度合成服务提供者，应按照《互联网信息服务算法推荐管理规定》，"规范开展互联网新闻信息采编发布服务、转载服务和传播平台服务，不得生成合成虚假新闻信息"①。

5. 遵守个人信息保护的相关规定，使用个人信息需要取得事先同意

如前所述，已有多款国内外软件开发出"捏脸"技术，在使用过程中需要全方位收集面部特征信息等私密信息和生物识别信息。与《个人信息保护法》的规定相一致，《深度合成规定》中再次明确："深度合成服务提供者和技术支持者提供人脸、人声等生物识别信息编辑功能的，应当提示深度合成服务使用者依法告知被编辑的个人，并取得其单独同意。"据此，虚拟人运营方应特别注意，若所使用的深度合成技术或其他技术需要收集或以任何形式使用人声、人脸等生物识别特征时，运营方需履行全面告知义务，并提前取得个人信息主体的"单独同意"。此外，按照《个人

---

① 相关资料或详细数据可参阅《互联网信息服务算法推荐管理规定》第13条。

信息保护法》第 55 条规定，需事前进行个人信息保护影响评估。

6. 遵守数据安全管理的规定，加强训练数据管理

在虚拟人的创造及商业化过程中，多要素、多场景均依赖深度合成技术，而深度合成技术的模型训练需要提取大量原始数据。针对网络数据处理活动，我国已有《中华人民共和国数据安全法》《网络数据安全管理条例（征求意见稿）》等法律法规进行专门规定。虚拟人的运营方若符合"为用户提供信息发布、社交、交易、支付、视听等互联网平台服务"[①]的特征，则将因其"互联网平台运营者"的主体身份而受到《网络数据安全管理条例（征求意见稿）》等规范的特别规制，如需恰当披露平台规则、隐私政策和算法策略，对于利用人工智能、虚拟现实、深度合成等新技术开展数据处理活动的虚拟人的运营方需进行安全评估等。

除此之外，《深度合成规定》中还首次明确了"深度合成服务提供者和技术支持者应当加强训练数据管理，采取必要措施保障数据安全。"虽然《深度合成规定》中并未就深度合成服务提供者和技术支持者进行训练数据管理的细则进行明确要求，但作为虚拟人运营方，我们理解其涉及大量数据的收集、存储、使用、施工、传输及对外提供等数据生命周期的多个环节，运营方需要从我国数据安全监管的整体框架着眼，履行数据安全监管领域对数据处理者设定的各类义务和要求。

同时提请注意，若虚拟人运营方在商业化过程中涉及跨境业

---

① 相关资料或详细数据可参阅《网络数据安全管理条例（征求意见稿）》第 73 条"本条例下列用语的含义：（九）互联网平台运营者是指为用户提供信息发布、社交、交易、支付、视听等互联网平台服务的数据处理者。"

务或虚拟人商业布局于公共通信和信息服务、金融、电子政务、医疗、汽车、工业和信息化领域等重要行业或特别监管行业，运营方还需注意该等行业的特别监管制度，并需关注相关数据是否属于重要数据，运营方是否会被定义为关键信息基础设施运营者等。

7. 建立健全辟谣机制并提供投诉举报入口，及时受理、处理并反馈处理结果

《深度合成规定》要求深度合成服务提供者应当建立健全辟谣机制，发现利用深度合成服务制作、复制、发布、传播虚假信息的，应当及时采取辟谣措施，保存有关记录，并向网信部门和有关主管部门报告。此规定承袭了此前《网络音视频信息服务管理规定》中第13条的要求，并与虚拟人运营方对"虚假信息"的内容管理义务相衔接。

同时为便利用户申诉，深度合成服务提供者应当设置便捷有效的用户申诉和公众投诉、举报入口，公布处理流程和反馈时限，及时受理、处理并反馈处理结果。

由于人工智能技术即将迎来质的突变，人类有可能迎来史无前例的自我认知危机和挑战。随着技术的进一步发展及商业化应用的扩张，作为人工智能技术应用之一的虚拟人，所引发的社会问题、伦理问题、法律问题也将是空前而深刻的。就法律而言，虚拟人所引发的法律问题仍在不断深化及延展中。由于其自身的滞后性，法律正面临着回应技术进步和商业发展的巨大挑战。

后　　记

时光飞逝，岁月如梭。从最初的构思到如今的付梓印刷，中间经历了无数次的修改与完善。在这个过程中，我们得到了许多人的帮助与支持，在此表示衷心的感谢。

首先，我们要衷心感谢我们的家人。他们始终是我们创作的坚强后盾，给予我们无尽的理解与鼓励，让我们能够专心致志地投入创作之中。没有他们的支持，这部作品是不可能完成的。

同时，我们要感谢我们的编辑和出版社的工作人员。他们在我们写作过程中提供了宝贵的意见和建议，使得这部作品更加完善。他们的辛勤付出和严谨态度，为作品的最终出版提供了有力保障。

此外，我们也要感谢那些在学术和实践领域里做出杰出贡献的先驱者。他们的研究成果和实践经验，为我们的创作提供了丰富的素材和灵感。站在巨人的肩膀上，我们才能看得更远。尤其是第三部分的法理与伦理相关内容，由何军律师与宋薇、段志超两位同事共同撰写，同时得到了王琳、徐源璟、王媛娇、孙金龙、周欣的支持，包括资料收集、整理及部分内容的编写，因篇幅问题不能将所有人员囊括，在这里一并感谢。

最后，我们希望这部作品能够给读者带来启发和帮助。在未来的日子里，我们期待与读者共同探讨和交流，共同成长与进步。

　　谨以此书献给所有热爱阅读、追求知识的人们。愿他们在阅读中获得智慧与力量，不断开阔视野，丰富内心世界。

作者

电子工业出版社 Broadview® 博文视点·IT出版旗舰品牌
PUBLISHING HOUSE OF ELECTRONICS INDUSTRY
http://www.phei.com.cn WWW.BROADVIEW.COM.CN

博文视点诚邀精锐作者加盟

十载耕耘奠定专业地位

以书为证彰显卓越品质

《C++Primer（中文版）（第5版）》、《淘宝技术这十年》、《代码大全》、《Windows内核情景分析》、《加密与解密》、《编程之美》、《VC++深入详解》、《SEO实战密码》、《PPT演义》……

"圣经"级图书光耀夺目，被无数读者朋友奉为案头手册传世经典。

潘爱民、毛德操、张亚勤、张宏江、昝辉Zac、李刚、曹江华……

"明星"级作者济济一堂，他们的名字熠熠生辉，与IT业的蓬勃发展紧密相连。

十年的开拓、探索和励精图治，成就**博**古通今、**文**圆方方、**视**角独特、**点**石成金之计算机图书的风向标杆：博文视点。

"凤翱翔于千仞兮，非梧不栖"，博文视点欢迎更多才华横溢、锐意创新的作者朋友加盟，与大师并列于IT专业出版之巅。

英雄帖

江湖风云起，代有才人出。
IT界群雄并起，逐鹿中原。
博文视点诚邀天下技术英豪加入，
指点江山，激扬文字
传播信息技术，分享IT心得

● 专业的作者服务 ●

博文视点自成立以来一直专注于IT专业技术图书的出版，拥有丰富的与技术图书作者合作的经验，并参照IT技术图书的特点，打造了一支高效运转、富有服务意识的编辑出版团队。我们始终坚持：

善待作者——我们会把出版流程整理得清晰简明，为作者提供优厚的稿酬服务，解除作者的顾虑，安心写作，展现出最好的作品。

尊重作者——我们尊重每一位作者的技术实力和生活习惯，并会参照作者实际的工作、生活节奏，量身制定写作计划，确保合作顺利进行。

提升作者——我们打造精品图书，更要打造知名作者。博文视点致力于通过图书提升作者的个人品牌和技术影响力，为作者的事业开拓带来更多的机会。

联系我们

博文视点官网：http://www.broadview.com.cn
投稿电话：010–51260888 88254368

CSDN官方博客：http://blog.csdn.net/broadview2006/
投稿邮箱：jsj@phei.com.cn

  @博文视点Broadview　 微信公众账号　博文视点Broadview

反侵权盗版声明

电子工业出版社依法对本作品享有专有出版权。任何未经权利人书面许可，复制、销售或通过信息网络传播本作品的行为；歪曲、篡改、剽窃本作品的行为，均违反《中华人民共和国著作权法》，其行为人应承担相应的民事责任和行政责任，构成犯罪的，将被依法追究刑事责任。

为了维护市场秩序，保护权利人的合法权益，我社将依法查处和打击侵权盗版的单位和个人。欢迎社会各界人士积极举报侵权盗版行为，本社将奖励举报有功人员，并保证举报人的信息不被泄露。

举报电话：（010）88254396；（010）88258888

传　　真：（010）88254397

E－mail： dbqq@phei.com.cn

通信地址：北京市万寿路 173 信箱　电子工业出版社总编办公室

邮　　编：100036